服装设计款式图绘制手册

（女装版）

唐伟　彭君　刘媛媛————著

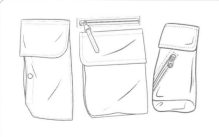

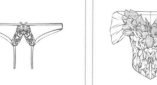
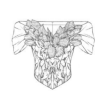

北京大学出版社
PEKING UNIVERSITY PRESS

内 容 提 要

这是一本服装设计款式图参考与绘制技法书，展示了女装款式案例，书中所有图例注重服装款式外部轮廓的表现和内部细节的描绘，表达严谨而规范，包含6种细节部位设计和9种典型衣装，共计700多个款式。设计和绘制这些款式时，采用了服装设计师惯用的"人体模板法"，以规范绘制的服装款式图。书中针对初学者设计款式图的操作难点，采用了服装款式图模板尺工具，并以人体基础形及部位（胸、腰、臀、大腿中部、小腿中部、脚踝等）参考线进行辅助的方法，由浅入深地进行展示，从衣领、前胸、腰部、袖子、裙摆、口袋等细节部位开始，进而对内衣、T恤、半身裙、连衣裙、衬衫、外套、大衣、裤子、礼服等主要服装类别进行了正、背面款式图的展示。

为了让新手设计师能更快捷地掌握相关绘制技法，本书附赠了12节手绘视频教程，示范服装款式图模板尺工具的使用方法。此外，附赠"18节课快速入门Illustrator"教程助力读者对Adobe Illustrator绘画能力的掌握。

本书展示的款式新颖，品种多样，非常适合服装设计爱好者、初学者、正在从事设计工作的设计师以及各院校相关专业的学生学习和借鉴。通过学习本书的内容，读者能够触类旁通，在设计与绘制实践中获得更多启发，提升设计与绘制能力。

图书在版编目（CIP）数据

服装设计款式图绘制手册：女装版／唐伟，彭君，刘媛媛著. — 北京：北京大学出版社, 2022.7
ISBN 978-7-301-33051-7

Ⅰ.①服… Ⅱ.①唐… ②彭… ③刘… Ⅲ.①女服—服装设计—绘画技法—手册 Ⅳ.① TS941.717-62

中国版本图书馆 CIP 数据核字 (2022) 第 093249 号

书　　　名	服装设计款式图绘制手册（女装版）	
	FUZHUANG SHEJI KUANSHITU HUIZHI SHOUCE（NÜZHUANG BAN）	
著作责任者	唐伟　彭君　刘媛媛　著	
责任编辑	王继伟　孙金鑫	
标准书号	ISBN 978-7-301-33051-7	
出版发行	北京大学出版社	
地　　　址	北京市海淀区成府路 205 号　100871	
网　　　址	http://www. pup. cn　　新浪微博：@ 北京大学出版社	
电子邮箱	编辑部 pup7@pup. cn　　总编室 zpup@pup. cn	
电　　　话	邮购部 010-62752015　发行部 010-62750672　编辑部 010-62570390	
印　刷　者	北京宏伟双华印刷有限公司	
经　销　者	新华书店	
	787 毫米 ×1092 毫米　16 开本　15.75 印张　253 千字	
	2022 年 7 月第 1 版　2024 年 8 月第 4 次印刷	
印　　　数	8001-11000 册	
定　　　价	69.00 元	

前言

美好生活非常典型的表现之一就是服饰穿搭更加丰富。服饰的面料、款式、色彩、纹饰、风格等，让人们有了更多的选择，服装设计相关的产业链也发生了很大的变化。服装设计越来越朝着个性化设计发展，服装生产也朝着柔性化发展。服装款式设计作为服装设计最重要的一个环节，是所有学习服装设计者的基础科目，学习者既要掌握一定的绘画能力，也要有一定的创意造型能力。可以说服装款式设计是"有创意的命题作文"，女装款式设计更是设计师们充分发挥设计能力的重点领域。本书也是基于此而策划编写的，笔者结合近几年的流行趋势，根据多年教学经验和设计内容梳理出女装的6种细节部位款式设计和9种典型衣装款式设计，共计700多个可以直接临摹参考的款式图例。

服装款式设计可分为外部轮廓造型和内部细节造型，是设计变化的基础。外部轮廓造型通常包括A型、H型、X型、T型、O型等。内部细节造型常见的有领型、前胸、腰线、下摆、袋型、袖口、脚口、分割线、省道线、褶裥等。由于服装样衣需要服装设计师与服装版师、服装样衣师对服装款式的外部轮廓、内部结构、部位比例确认后再制作，所以很多服装企业都会根据产品风格定位，用"人体模板"来规范服装款式图的绘制标准。

本书的另一个出版初衷，是希望学习者在实际服装学习或设计工作中，避免以下两个误区。

第1个误区，初学服装设计的人更乐于把注意力放在服装效果图上，而忽略了服装款式设计图的重要性。通常效果图的直观和趣味性能让人产生更多情绪上的迷恋和创作上的满足感，对比之下，款式图的"枯燥"和"刻板"，会让他们望而却步。其实，服装效果图解决的是前端概念和效果问题，款式图解决的是后台和制作的问题，在实际应用的范畴，特别是工业化服装生产的过程中，服装款式设计图的作用甚至远远大于服装效果图。

第2个误区，学习过程中，大家对服装款式图的绘制缺乏严谨和规范性的表达。有经验的设计师都知道，服装生产需根据所提供的服装款式图及样衣的要求进行操作，不能出现误差，否则就会造成库存的压力。服装款式图要符合人体结构比例，如领宽与肩宽、衣长与臂长之间的比例关系等。人体是对称的，凡需要对称的地方一定要左右对称（除不对称的设计以外），如衣领、袖子、口袋、省缝等部位。线条表现要清晰、圆滑、流畅，虚实线条要分明，因为款式图中的虚实线条代表不同的工艺要求。此外，绘制时也要选择不同粗细型号的笔芯来表现服装款式的轮廓线、分割线、褶裥线、衣纹线等。

本书针对初学者设计款式图操作难点，采用了服装款式图模板尺工具，并以人体基础形及部位（胸、腰、臀、大腿中部、小腿中部、脚踝等）参考线进行辅助的方法，完成本书中的服装正、背面款式绘制，全书共计700多个表达严谨而规范的款式图。服装设计爱好者和设计初学者，以及相关专业的学生和设计师，通过学习和借鉴书中归纳的图例，能够触类旁通，在不断实践中提升绘制能力，获得更多的造型灵感和启发，进而成为高水平的设计师。

最后，感谢服装设计师钱雨倩女士为本书绘制了衣领、前胸、腰部、袖子部分的图例，服装礼服设计师邓丽霞女士为本书绘制了裙摆和口袋部分的图例。

唐心野

目录

温馨提示

为了便于读者更好地学习，本书附赠12节手绘视频教程，示范服装款式图模板尺工具的使用方法。以上资源，读者可用微信扫描二维码关注微信公众号，并输入77页资源提取码获取下载地址及密码。

资源下载

"18节课快速入门 Illustrator"视频教程（扫描右下方二维码，领取教程并登录，即可进入学习）

1.位图与矢量图	7.图形的变化操作	13.铅笔画笔工具介绍
2.界面初识	8.形状的组合	14.图层内的绘制技巧
3.画板的工作原理	9.图层的认识与组合	15.钢笔工具
4.首选项与快捷键	10.网格与参考线	16.画笔笔刷
5.选择工具	11.对象的对齐与分布	17.文字工具
6.基本形状与属性	12.描边的基础设定与变化	18.文件导出

扫码学习

36 衣领款式设计

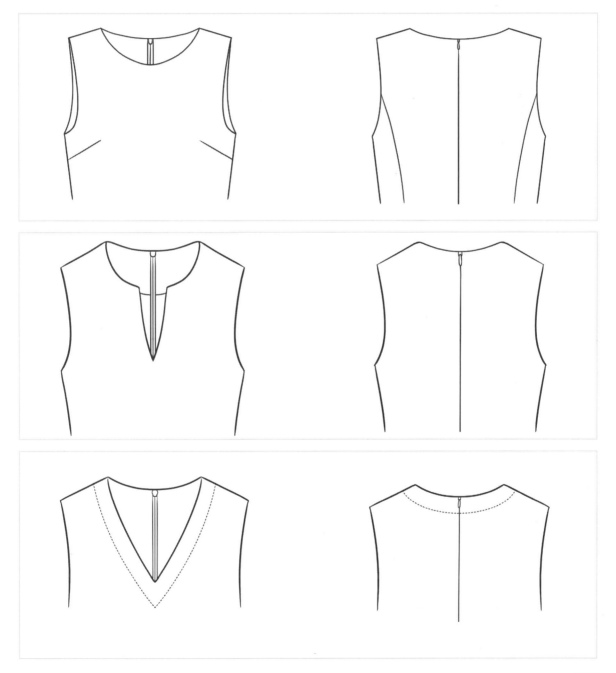

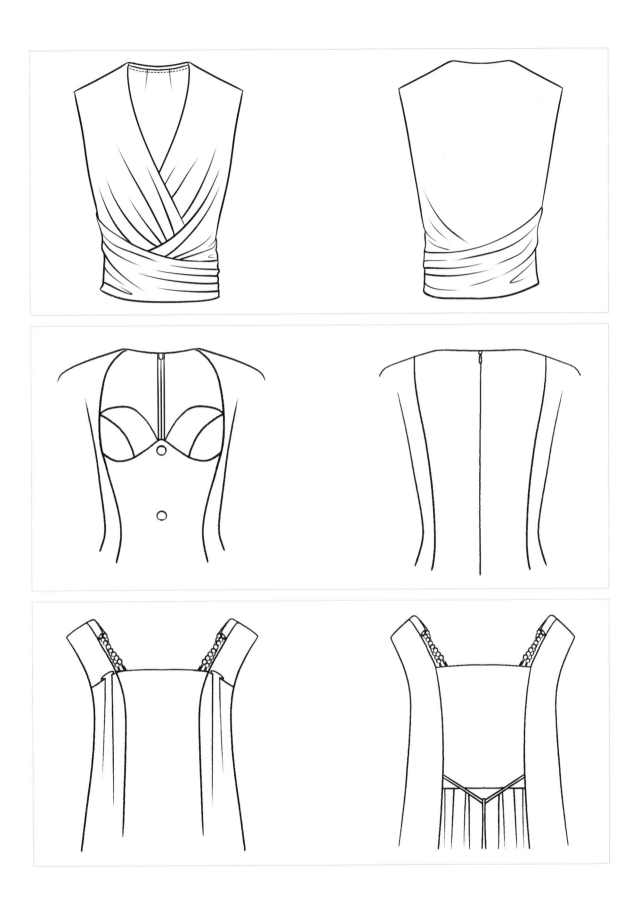

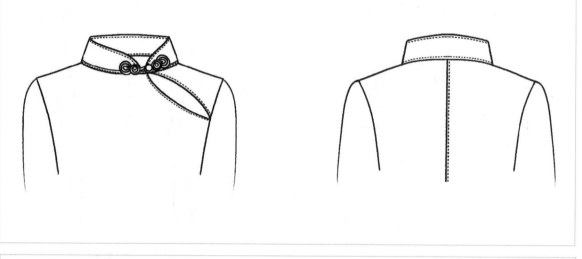

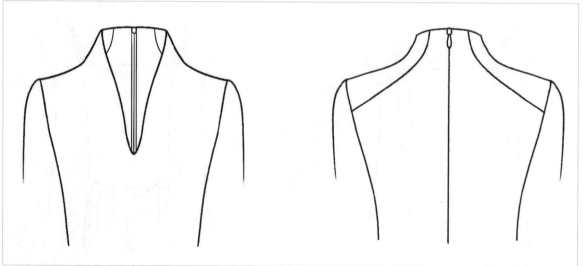

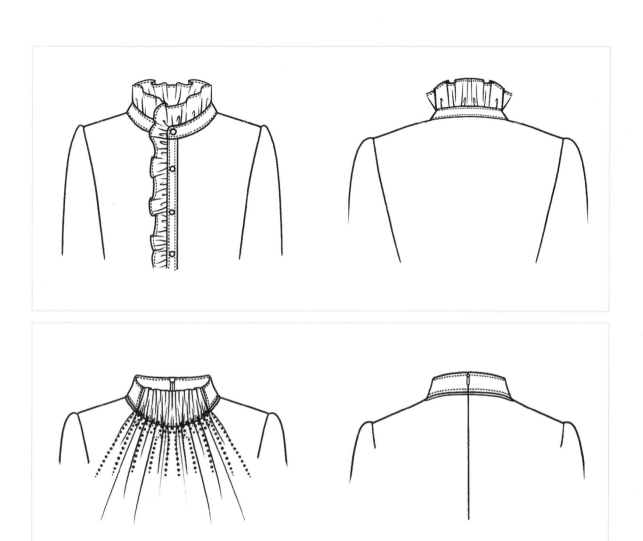

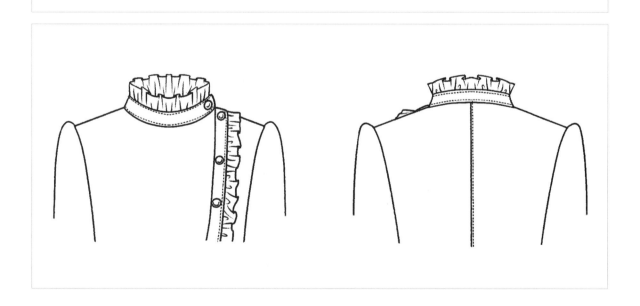

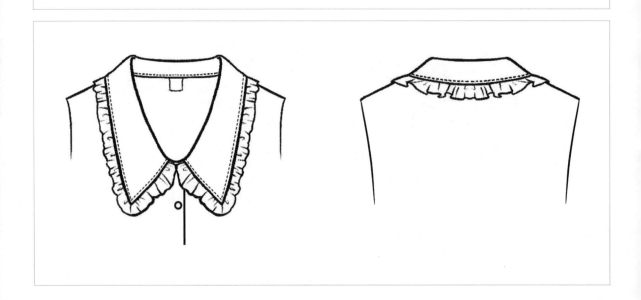

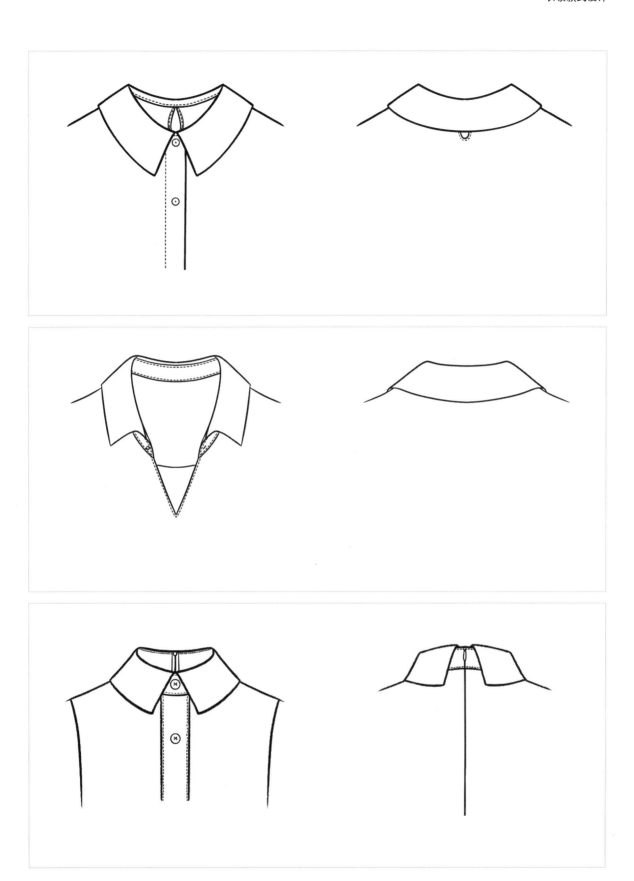

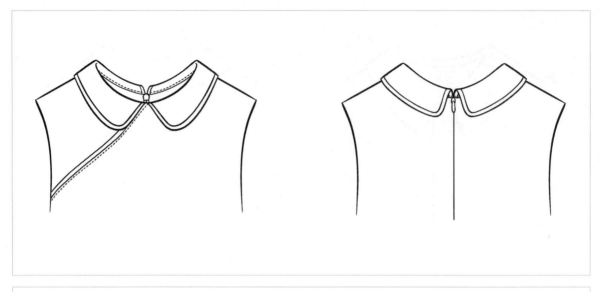

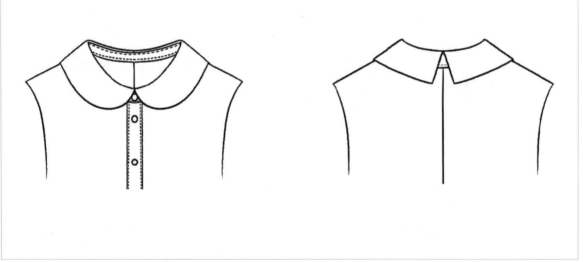

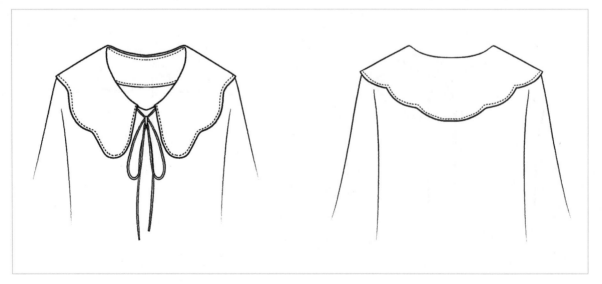

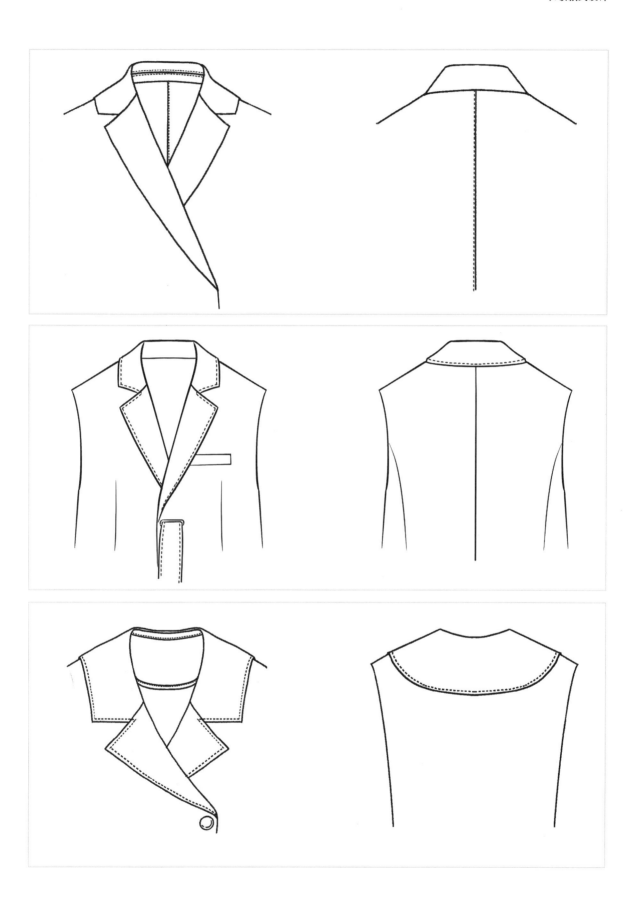

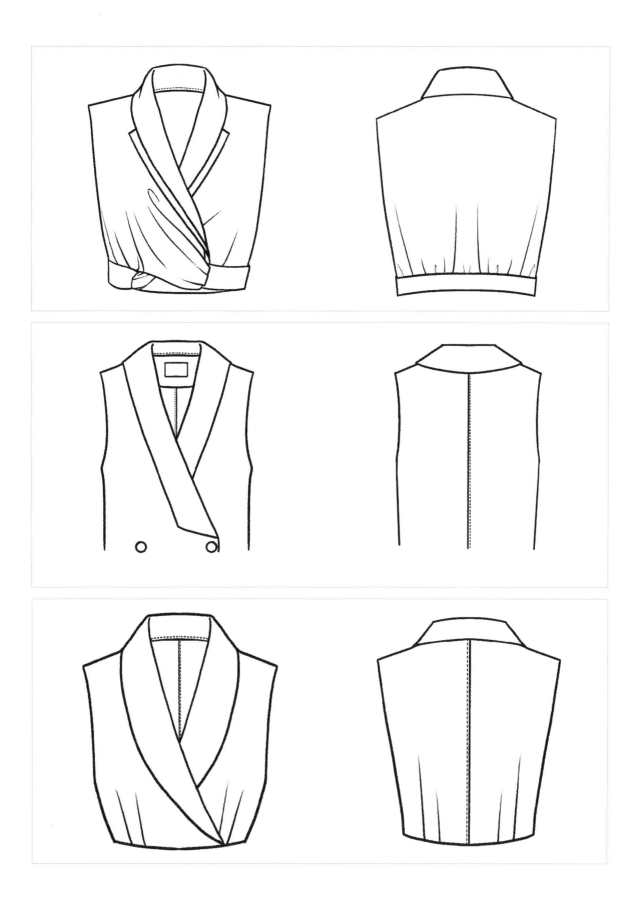

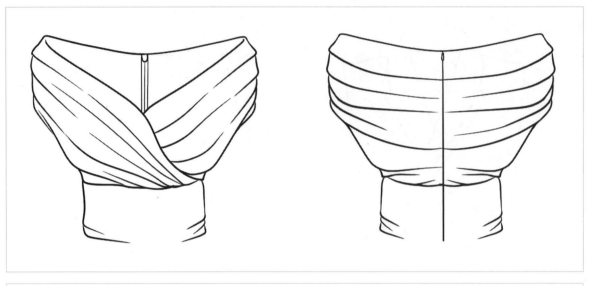

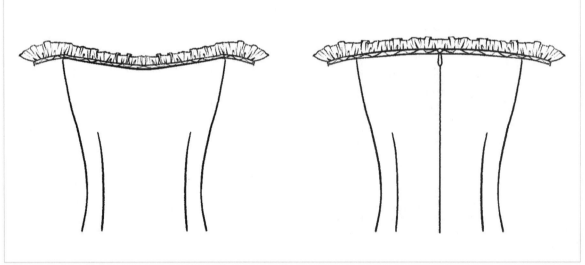

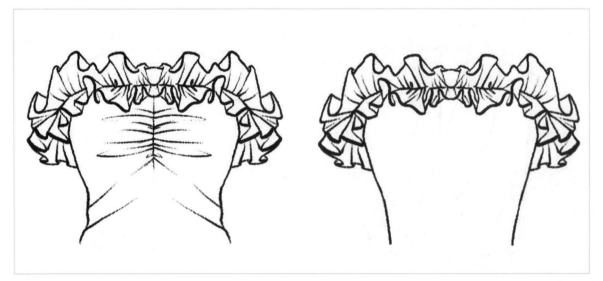

前胸款式设计

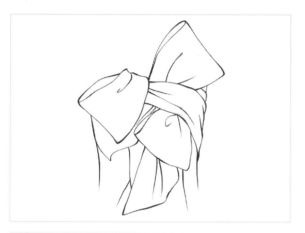

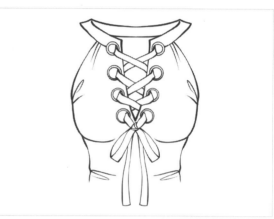

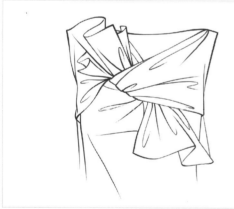

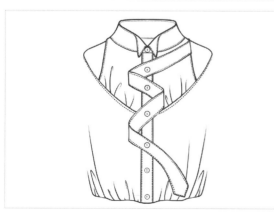

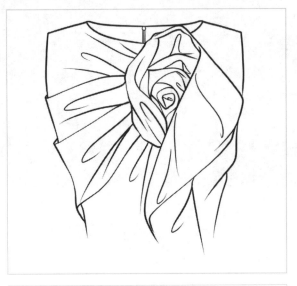

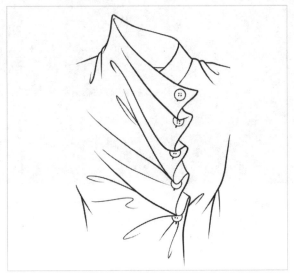

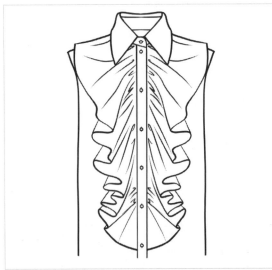

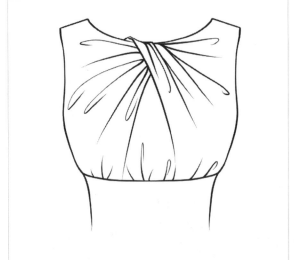

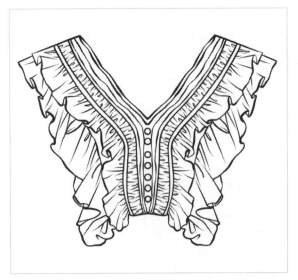

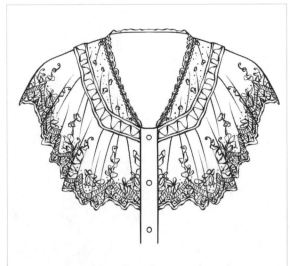

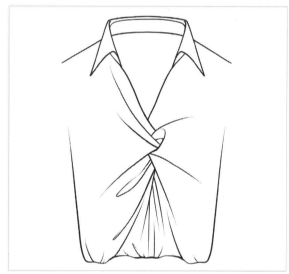
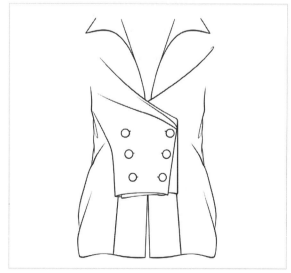

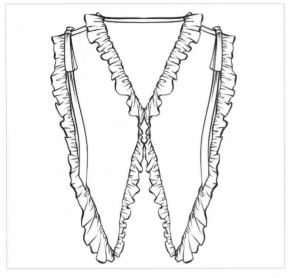

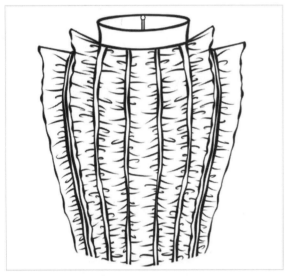

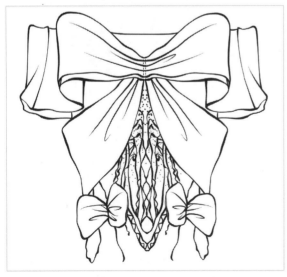

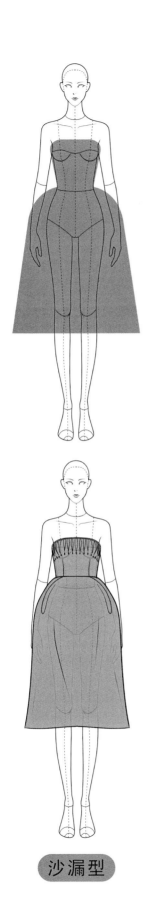

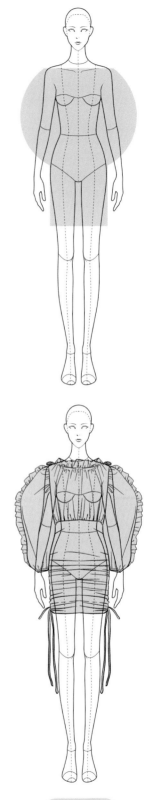

沙漏型　　　　　　　　　　　　气球型

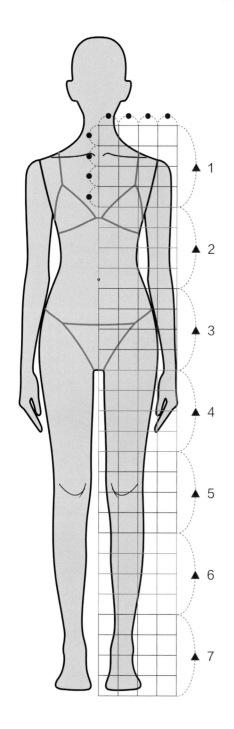

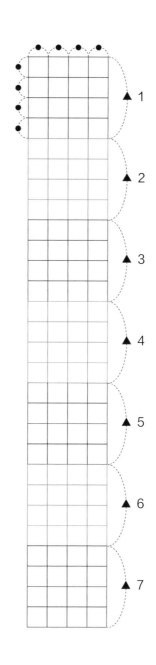

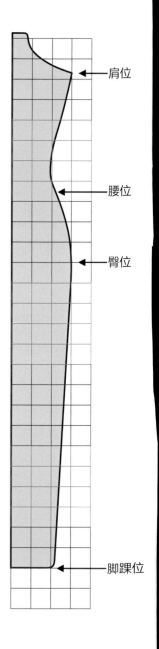

▲ 1

▲ 2

▲ 3

▲ 4

▲ 5

▲ 6

▲ 7

← 肩位

← 腰位

← 臀位

← 脚踝位

人体比例参考图

 1 →  2 →

绘制等分格。　　　　　绘制人台右半边。

板绘制法图解

5

绘制衣纹（注意：衣纹线要浅
于服装结构线）、扣子等细节
处，完成服装正面款式图。

6

参照步骤 1~5，完成服装背
面款式图的绘制。

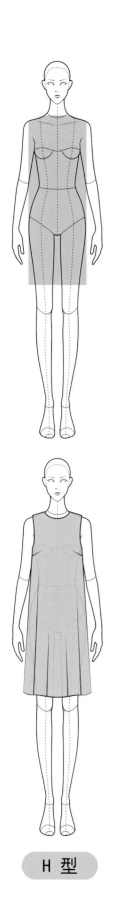

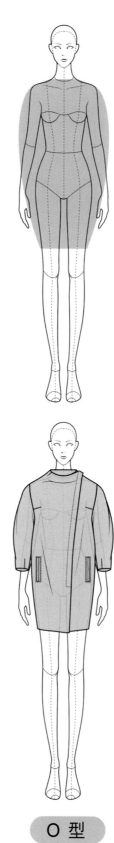

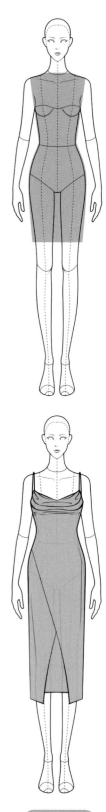

H 型　　　　　　　　　　　O 型　　　　　　　　　　　S 型

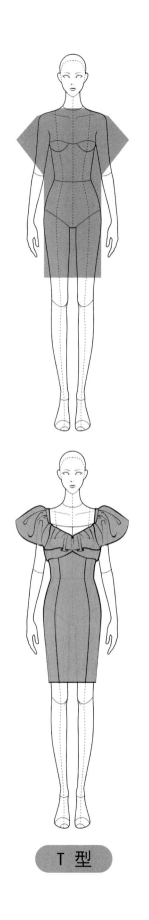

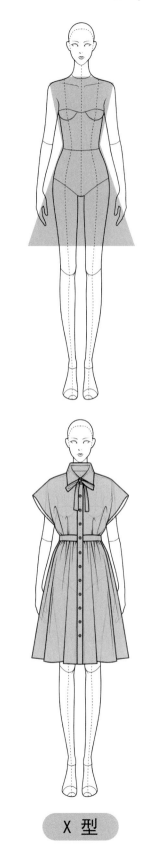

T 型

X 型

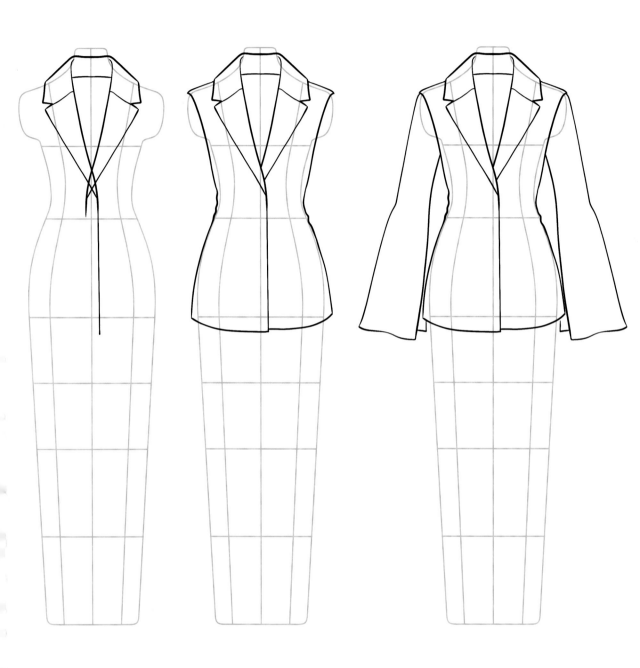

2 ➡ 3 ➡ 4

依据人台比例线稿的脖子、胸高点、公主线、腰位，绘制领子（注意：领口深度和宽度的比例）。

依据人台比例线稿的腰位、裆底，绘制衣身部分（注意：紧身型、适身型、宽松型服装与人台比例线稿的距离）。

依据人台比例线稿的胸高点、腰位、裆底，绘制袖子部分（注意：绘制时，左右袖子要对称）。

比例模板绘制原理图

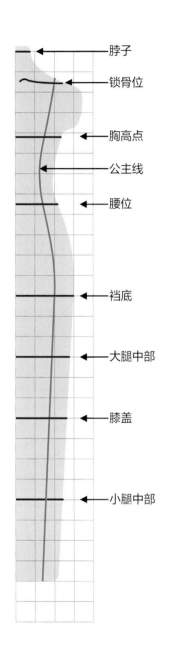

脖子
锁骨位
胸高点
公主线
腰位
裆底
大腿中部
膝盖
小腿中部

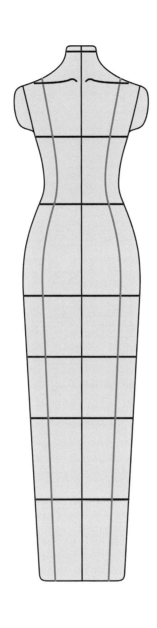

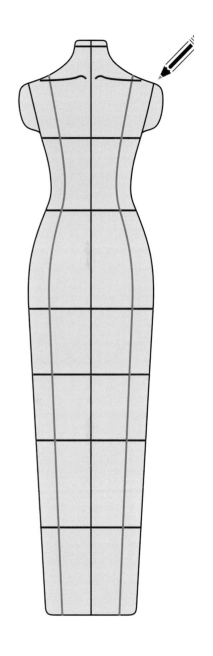

3 → 绘制参考标识线。

4 完成服装款式图人台比例模板。

1 → 在服装款式图人台比例模板外轮廓处,用 0.5mm 的自动铅笔描绘出人台比例线稿。

基本廓形图

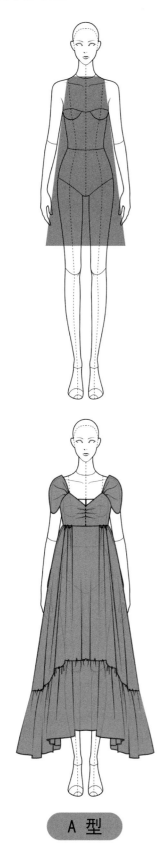

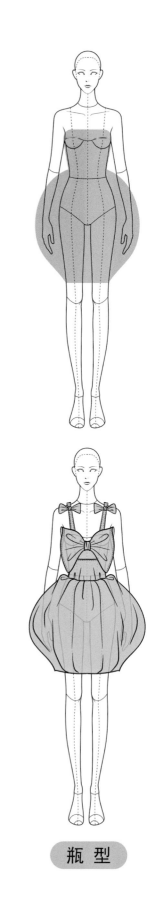

A 型

瓶 型

女装人体部位参考尺寸（身高 165~170cm）

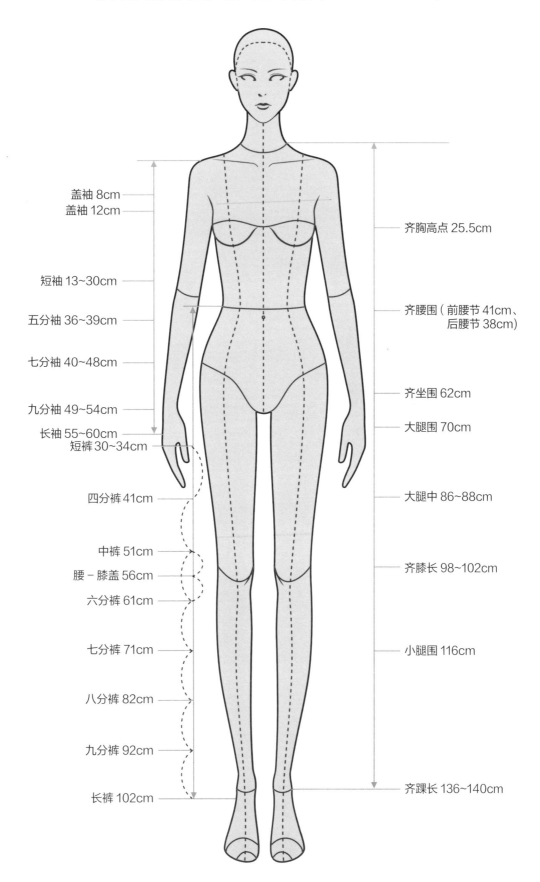

盖袖 8cm
盖袖 12cm

短袖 13~30cm

五分袖 36~39cm

七分袖 40~48cm

九分袖 49~54cm

长袖 55~60cm
短裤 30~34cm

四分裤 41cm

中裤 51cm
腰－膝盖 56cm
六分裤 61cm

七分裤 71cm

八分裤 82cm

九分裤 92cm

长裤 102cm

齐胸高点 25.5cm

齐腰围（前腰节 41cm、
后腰节 38cm）

齐坐围 62cm

大腿围 70cm

大腿中 86~88cm

齐膝长 98~102cm

小腿围 116cm

齐踝长 136~140cm

_____品牌设计版单

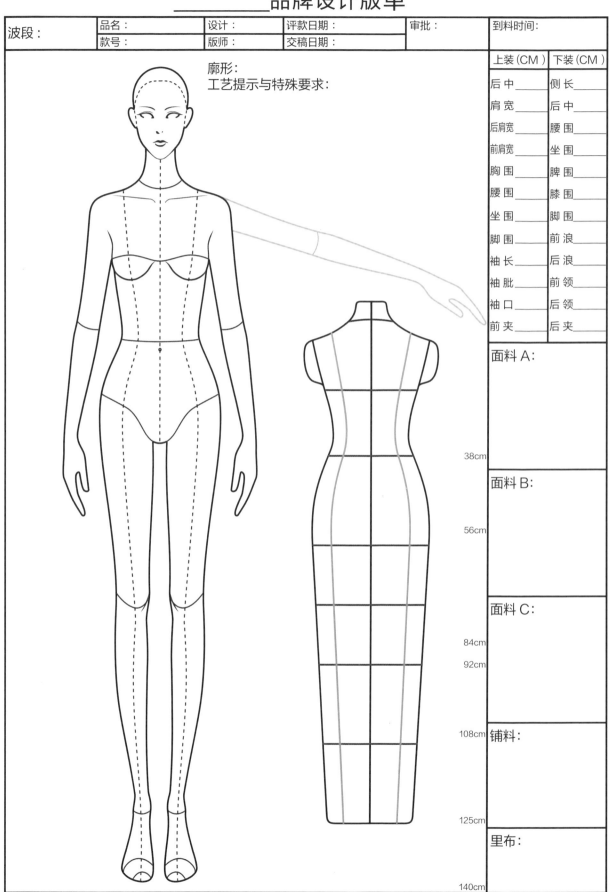

波段：	品名：		设计：	评款日期：		审批：	到料时间：
	款号：		版师：	交稿日期：			

廓形：
工艺提示与特殊要求：

上装（CM）	下装（CM）
后 中_____	侧 长_____
肩 宽_____	后 中_____
后肩宽_____	腰 围_____
前肩宽_____	坐 围_____
胸 围_____	脾 围_____
腰 围_____	膝 围_____
坐 围_____	脚 围_____
脚 围_____	前 浪_____
袖 长_____	后 浪_____
袖 肮_____	前 领_____
袖 口_____	后 领_____
前 夹_____	后 夹_____

面料 A：

面料 B：

面料 C：

铺料：

里布：

38cm

56cm

84cm

92cm

108cm

125cm

140cm

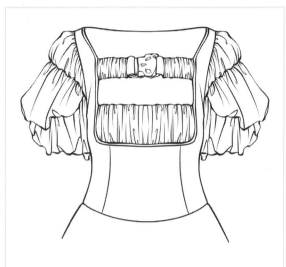

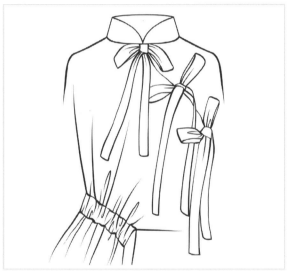

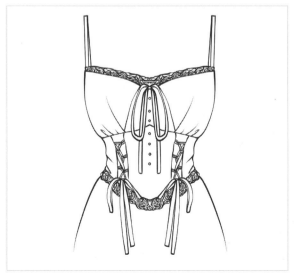

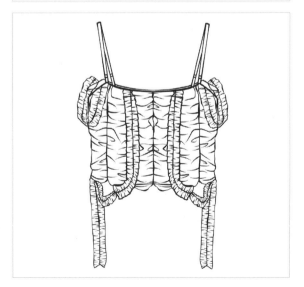

腰部款式设计

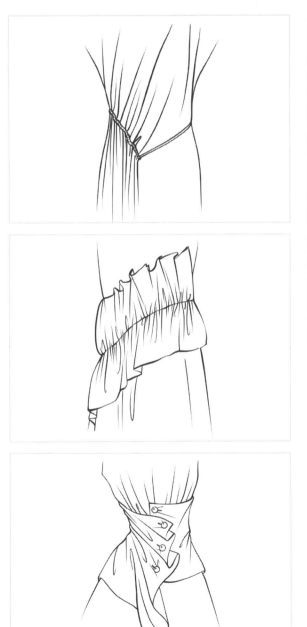

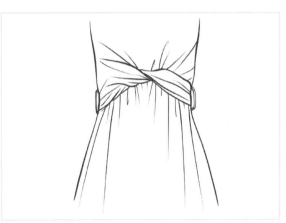

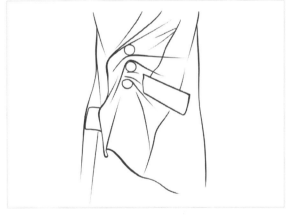

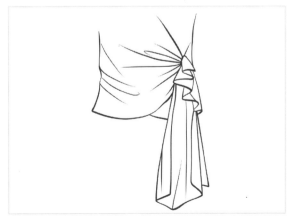

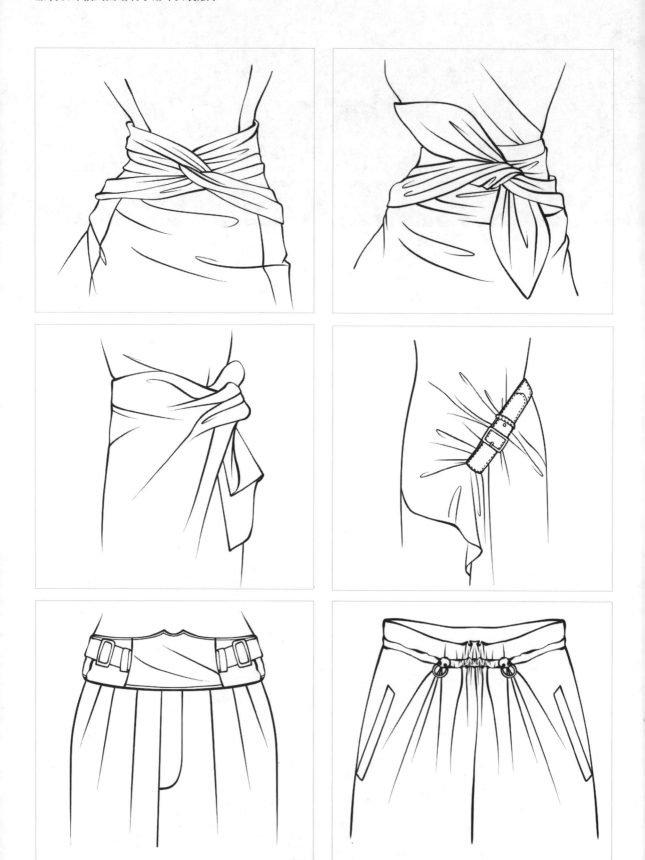

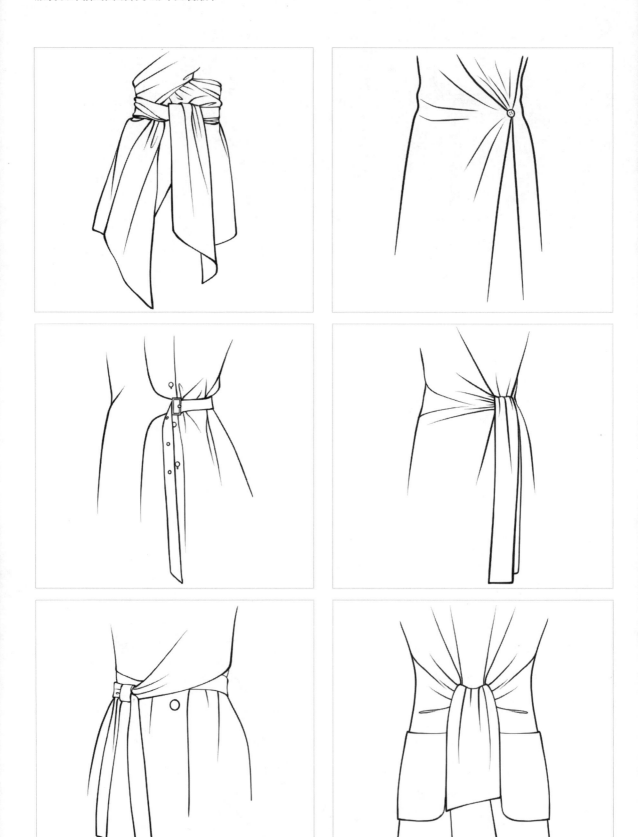

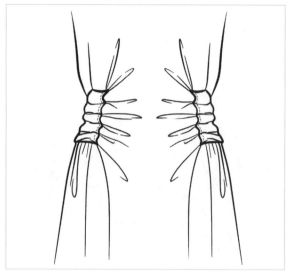

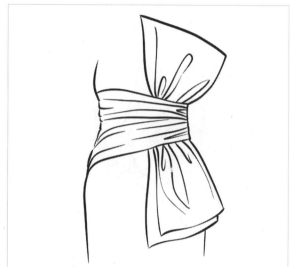

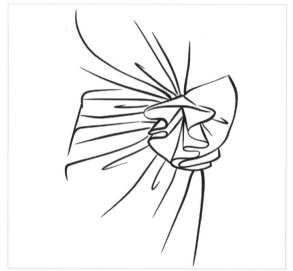

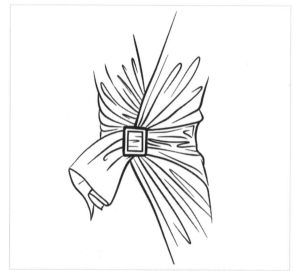

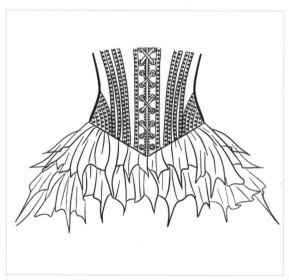

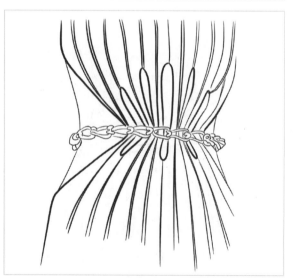

袖子款式设计

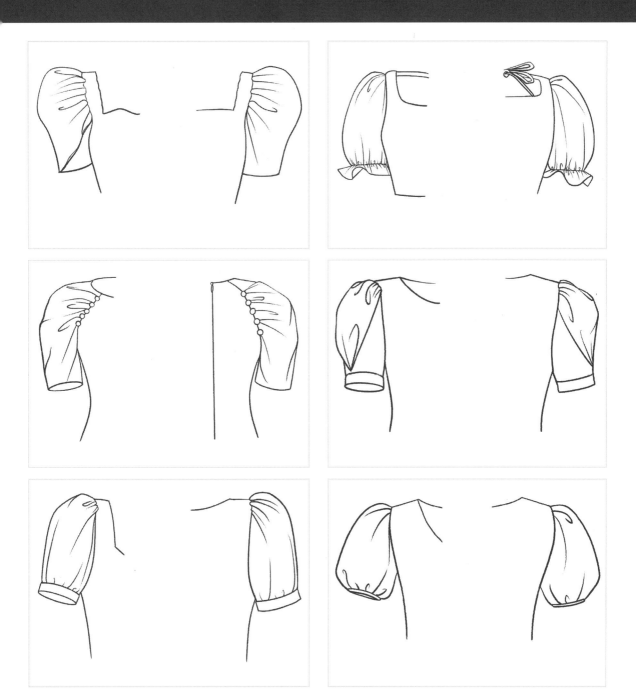

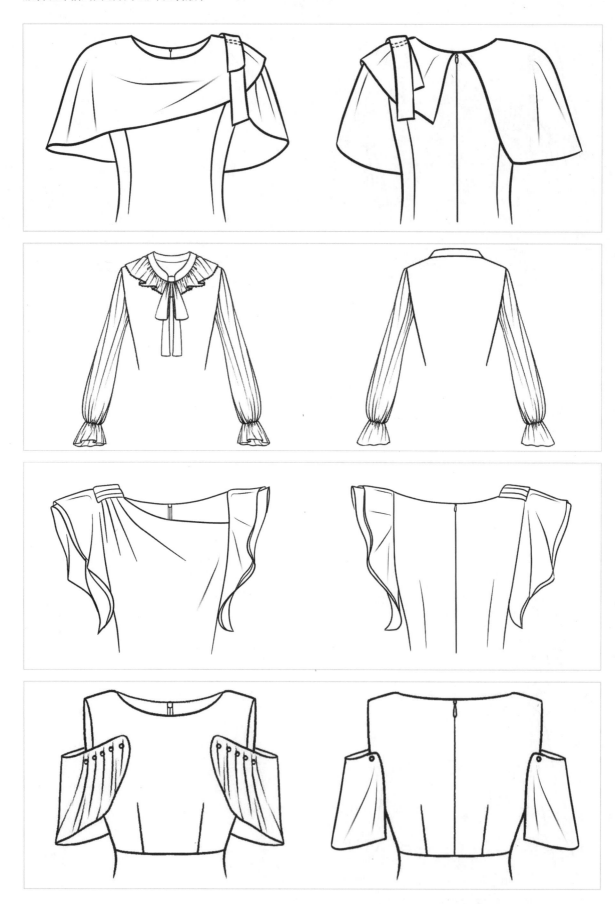

裙摆款式设计

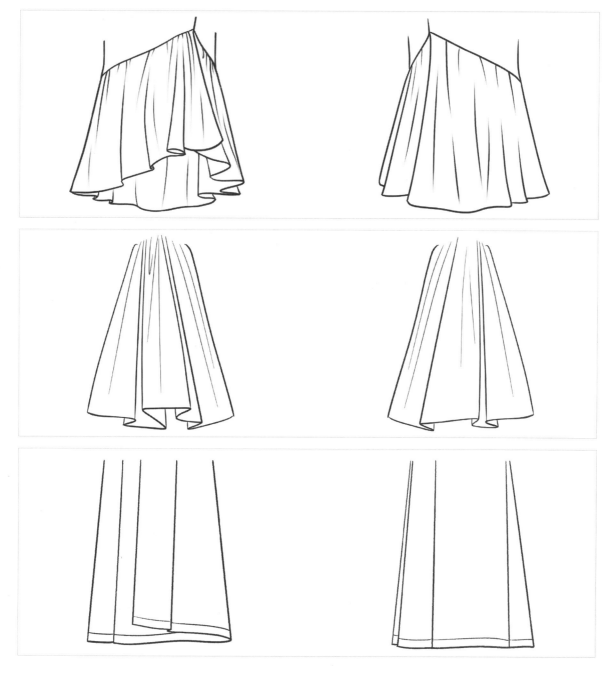

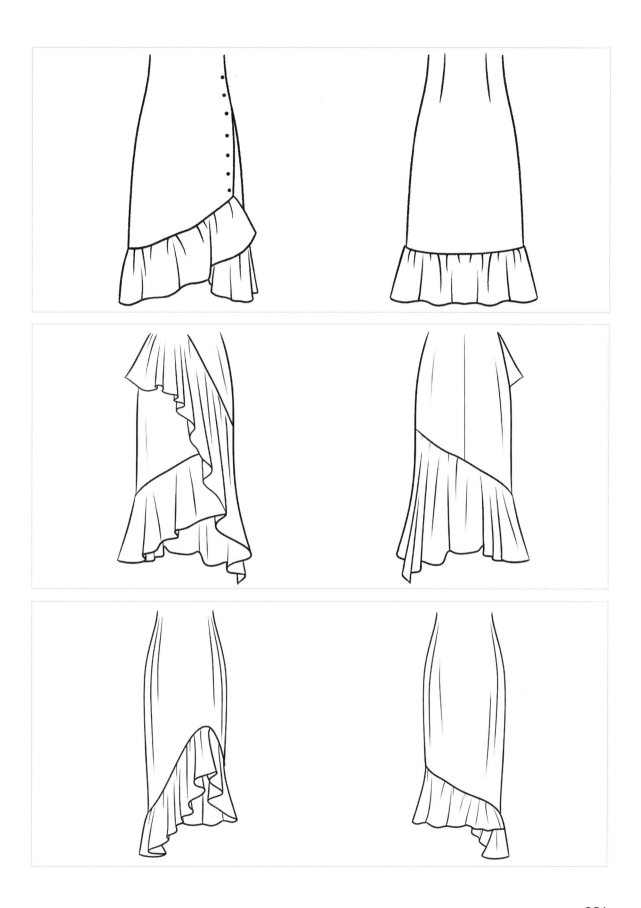

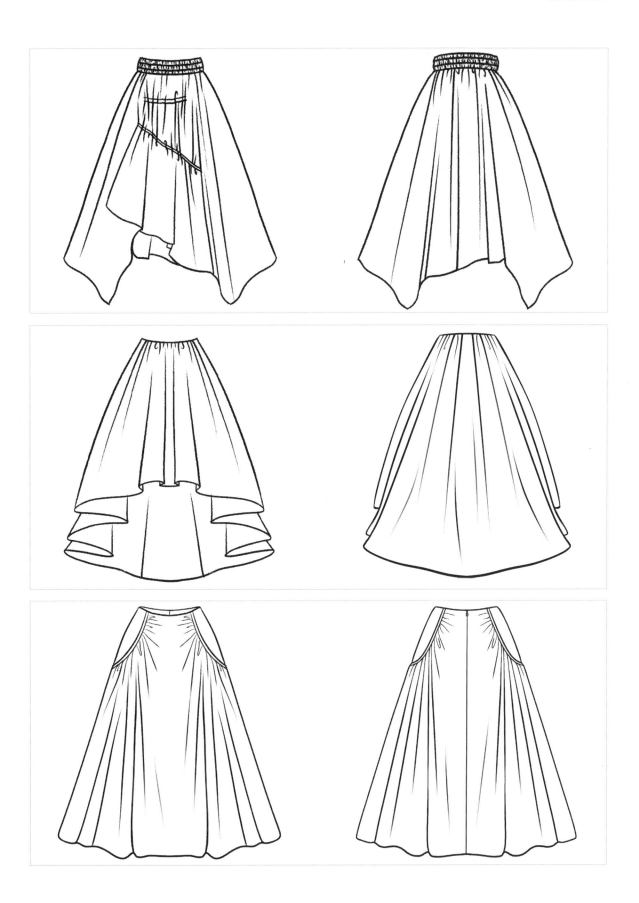

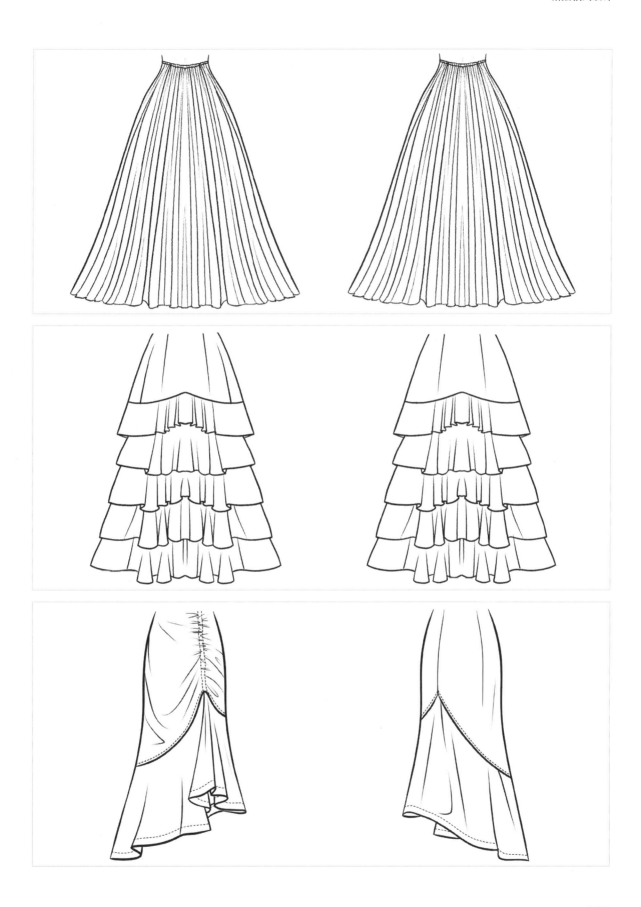

口袋款式设计

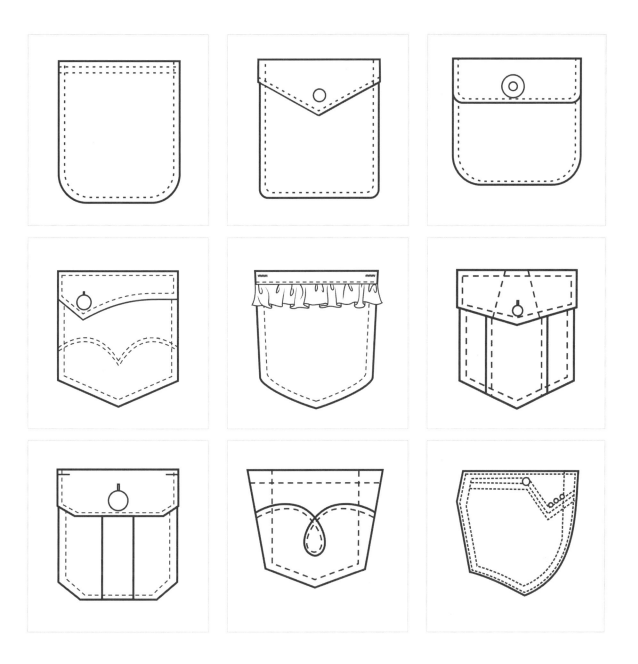

内衣款式设计

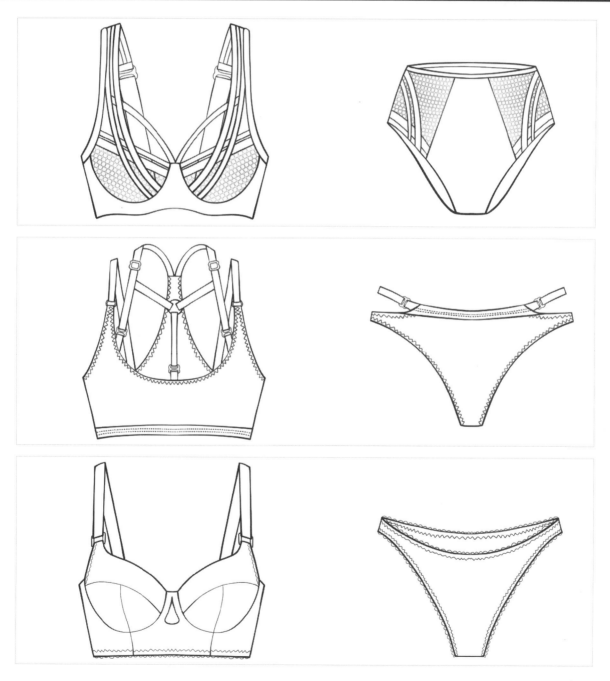

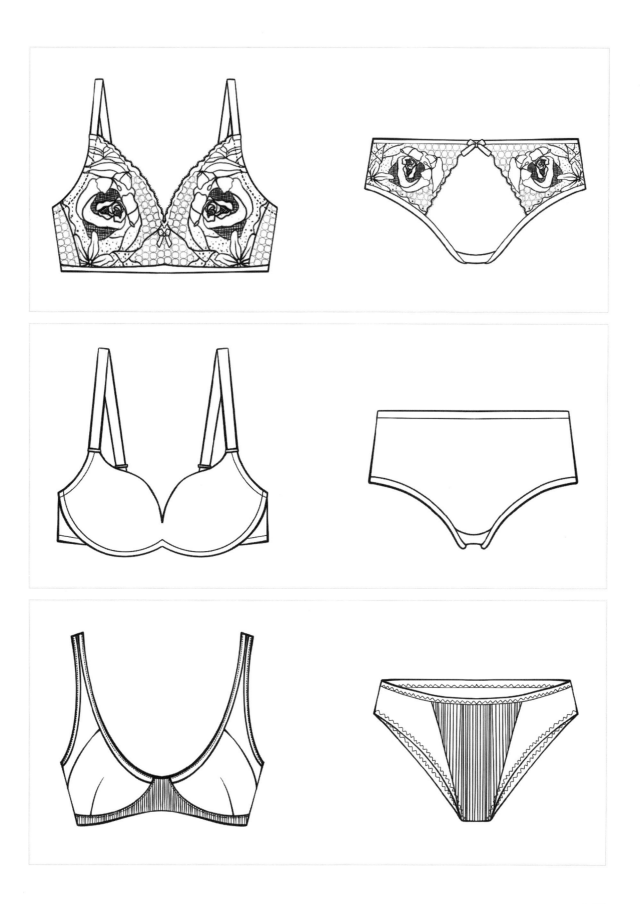

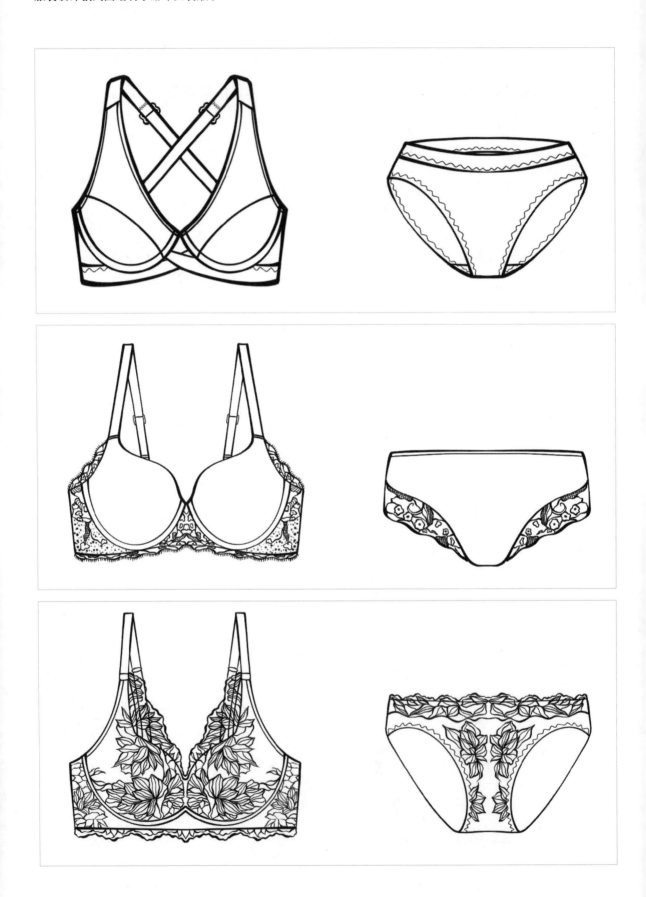

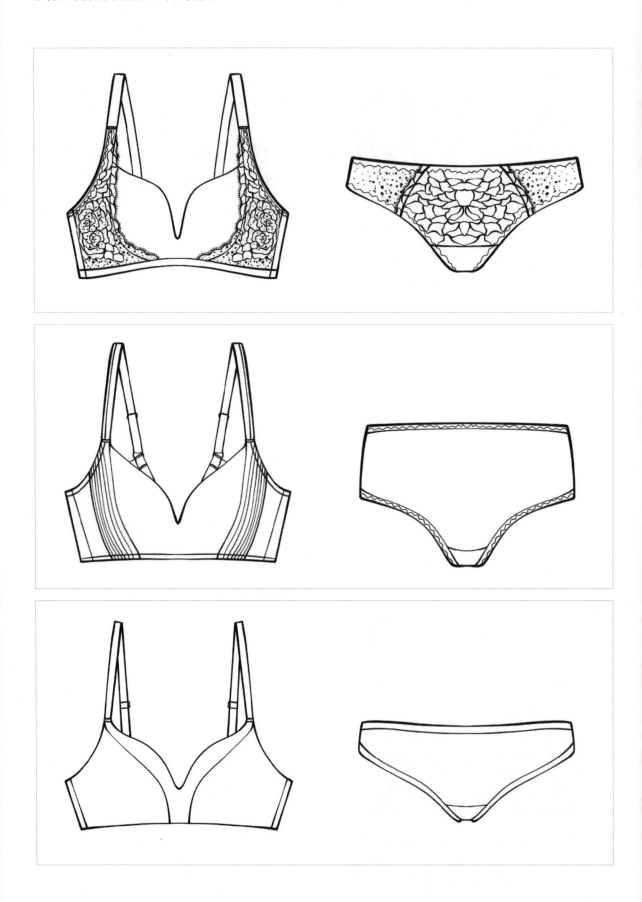

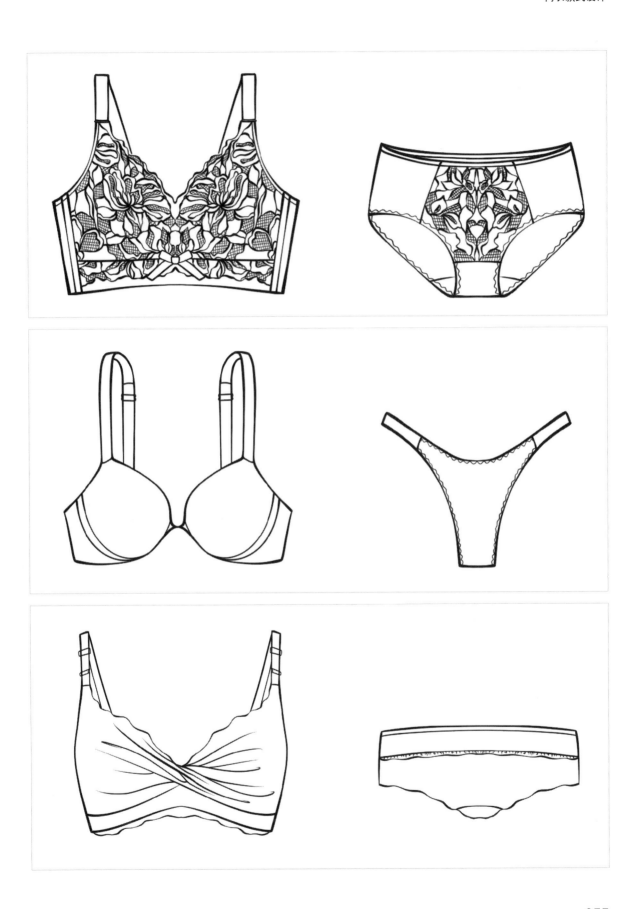

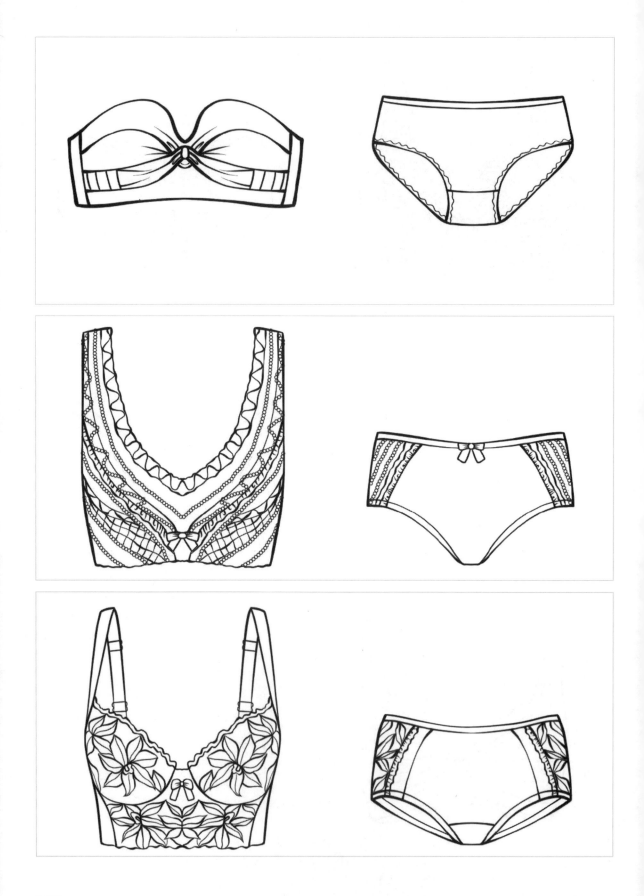

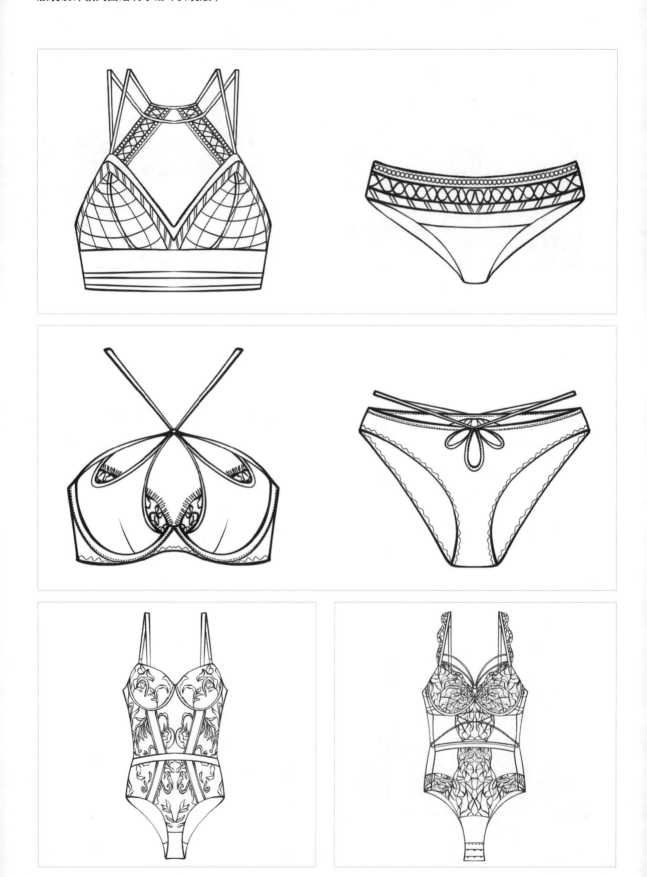

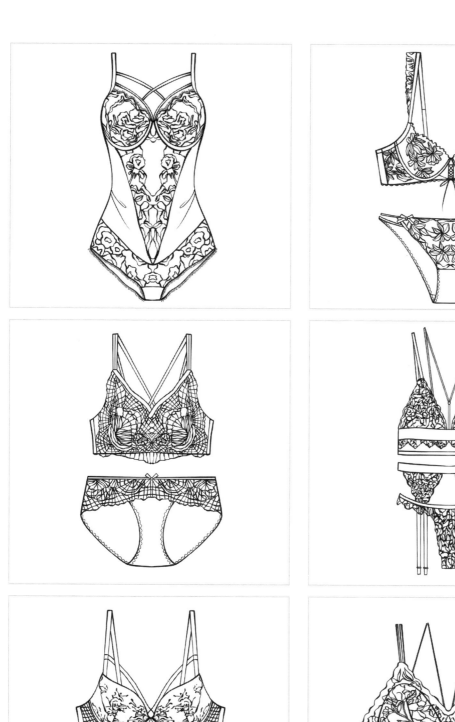

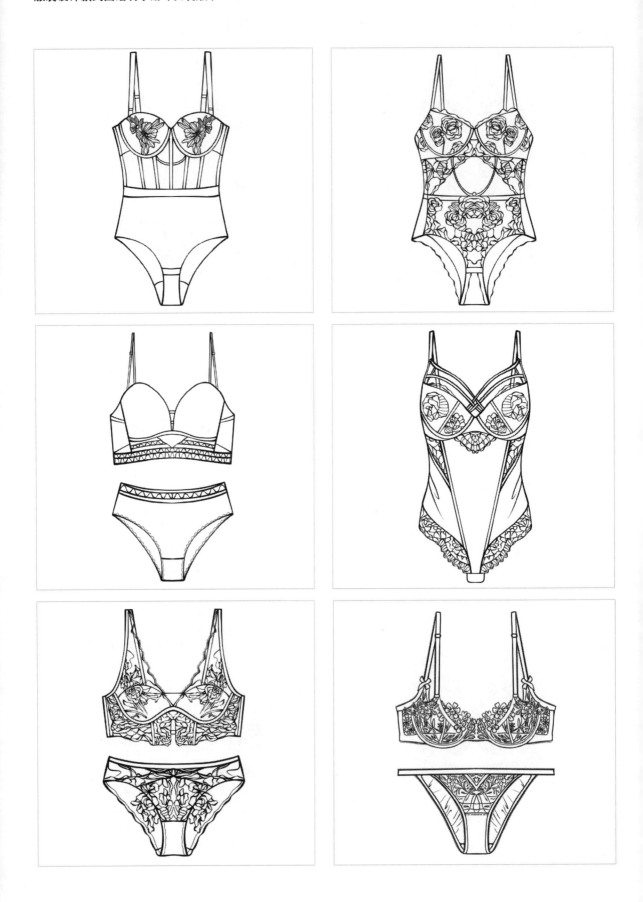

T恤款式设计

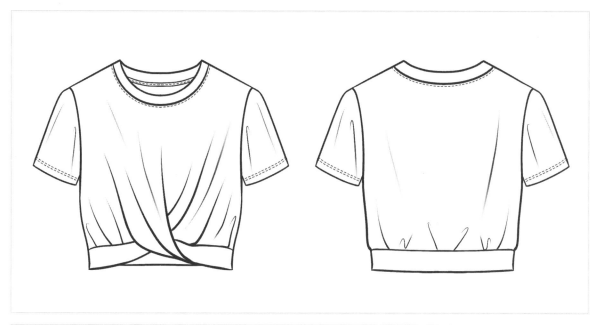

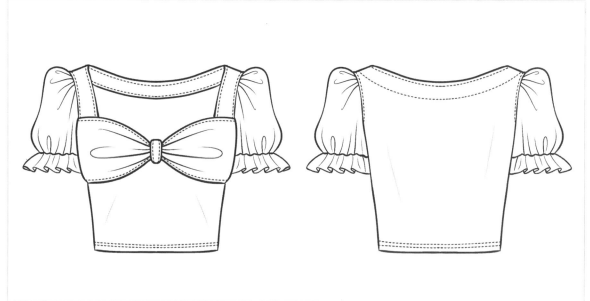

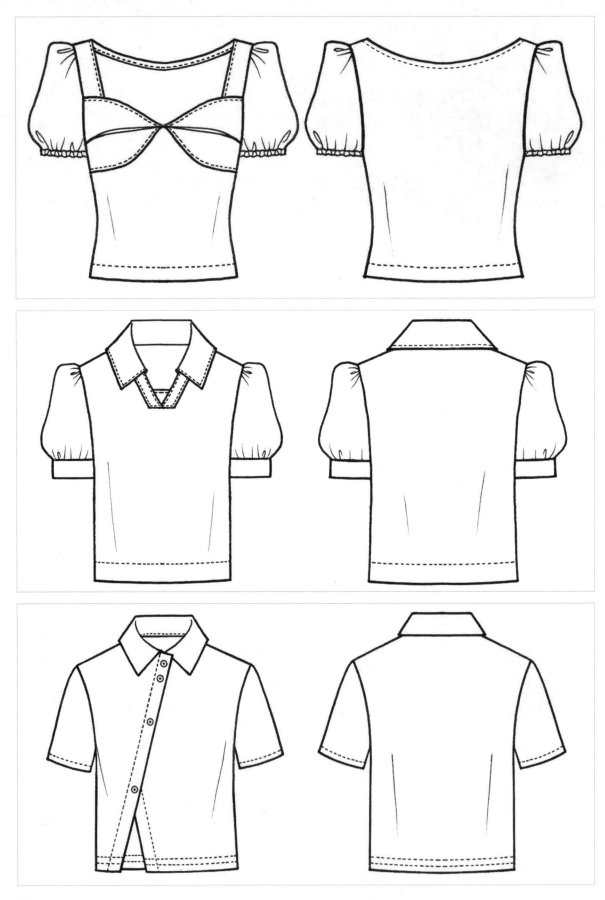

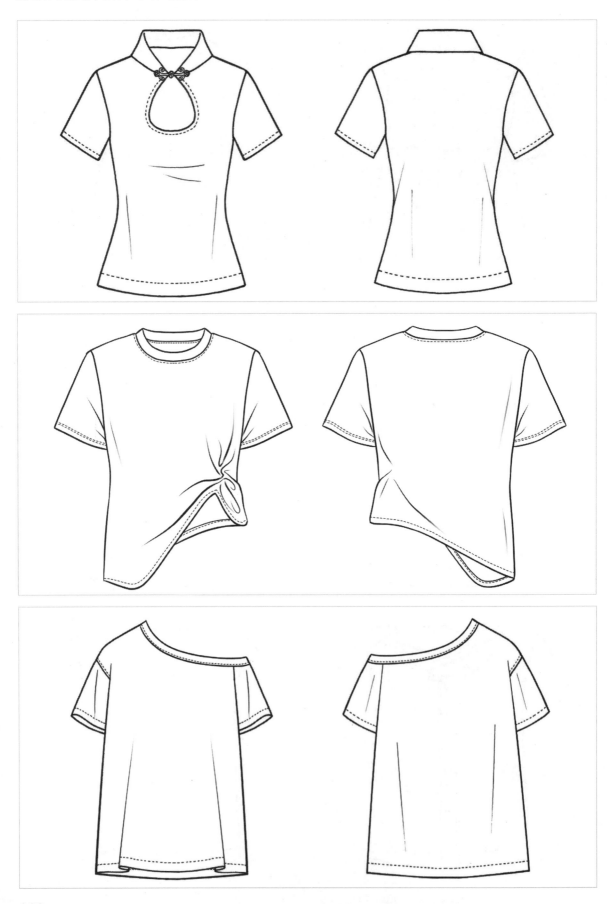

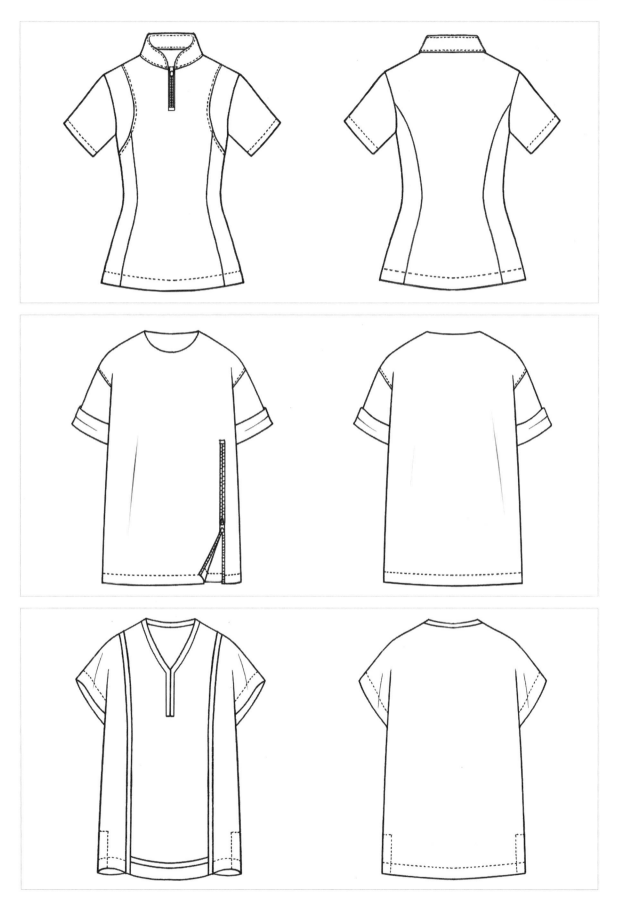

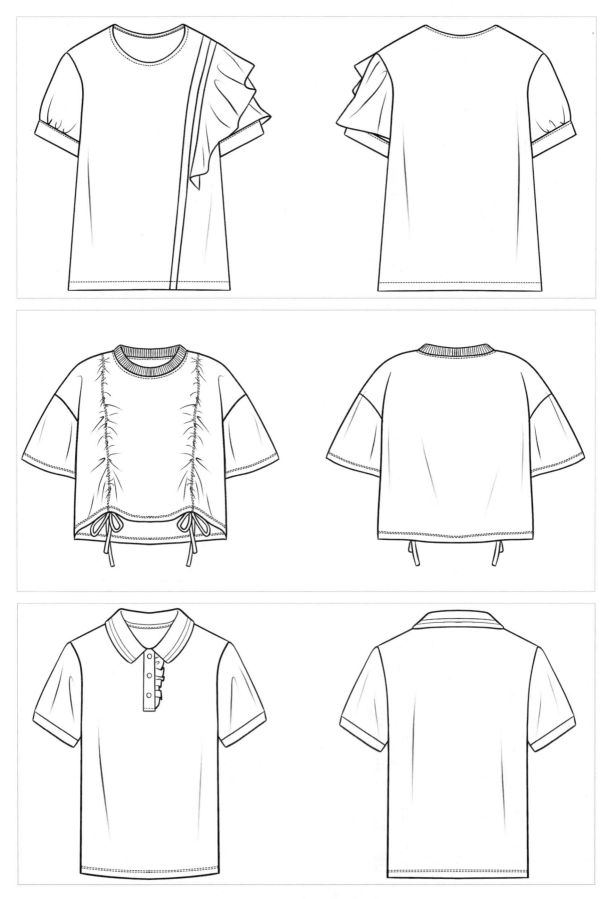

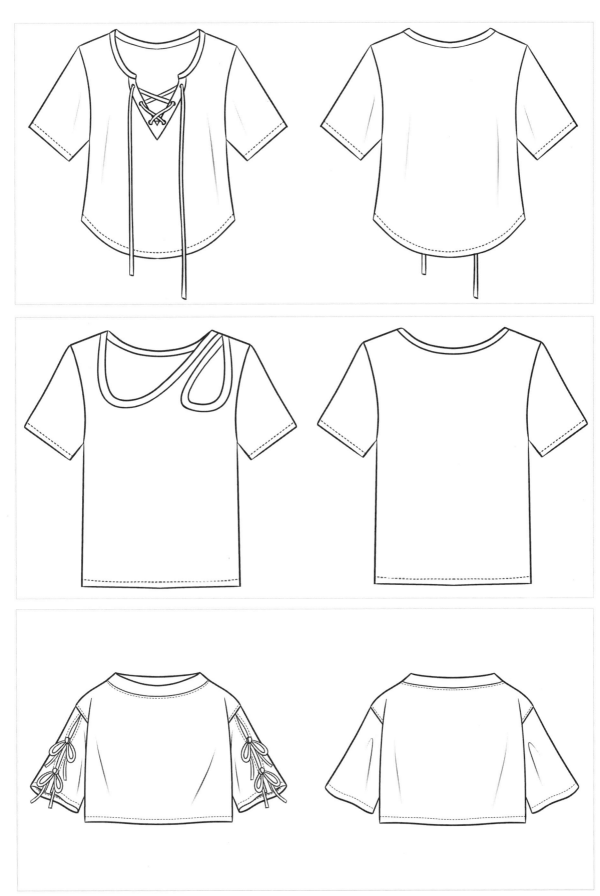

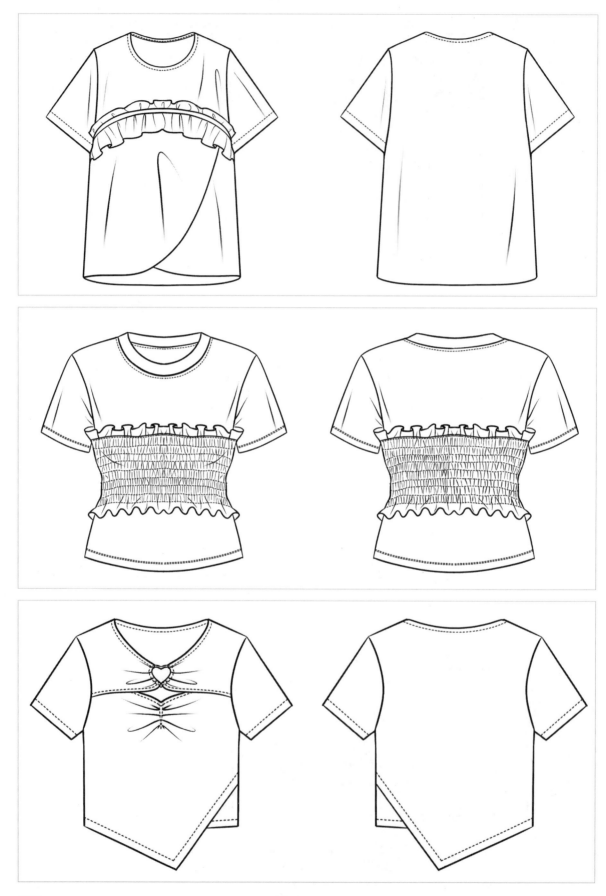

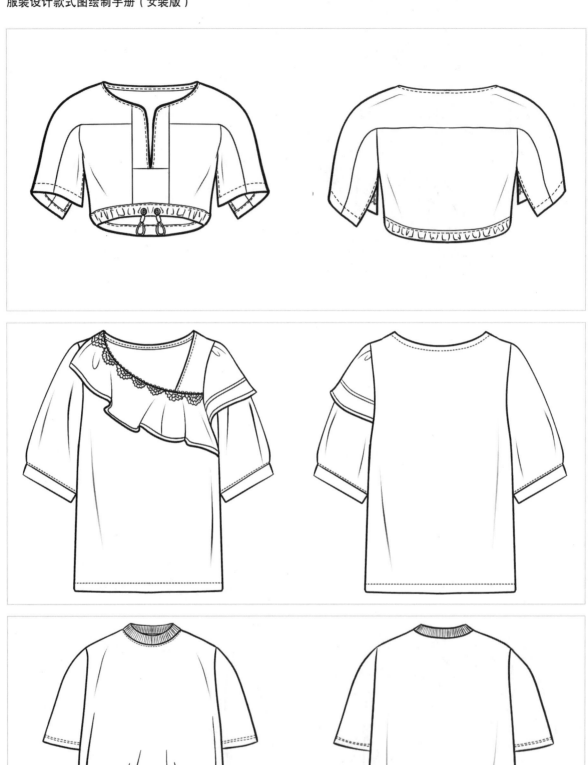

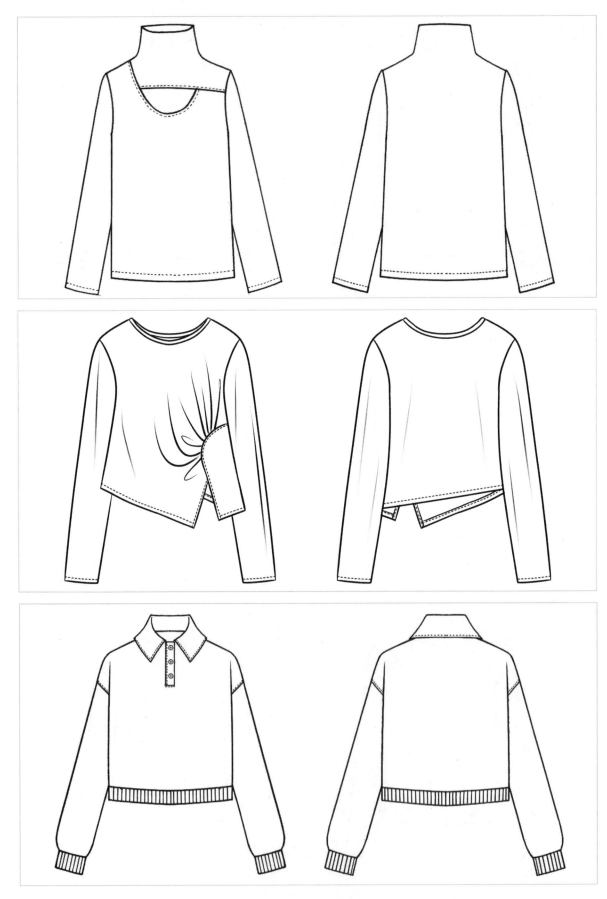

半身裙款式设计

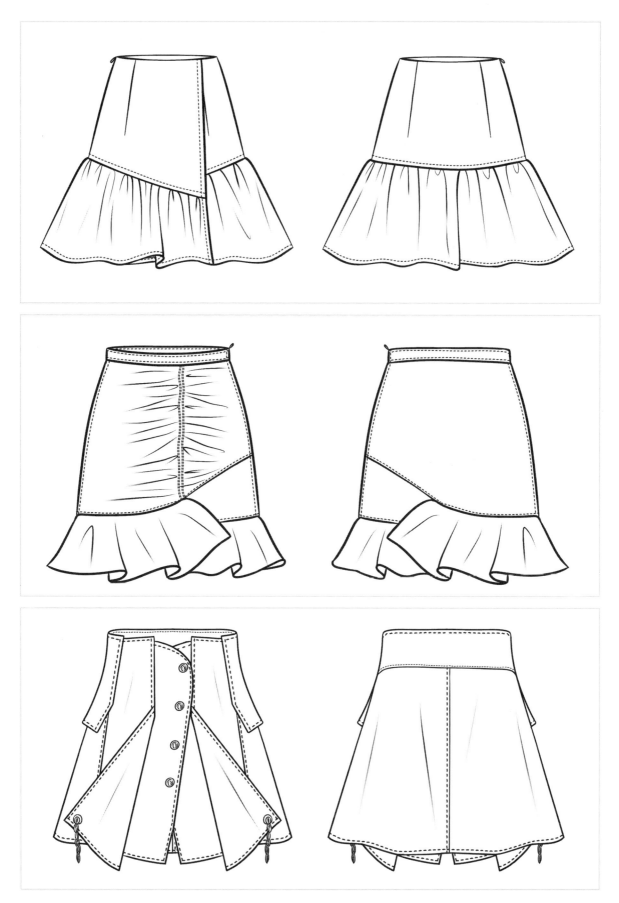

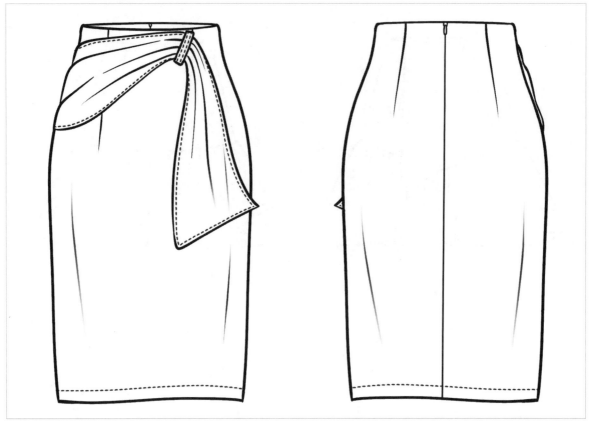

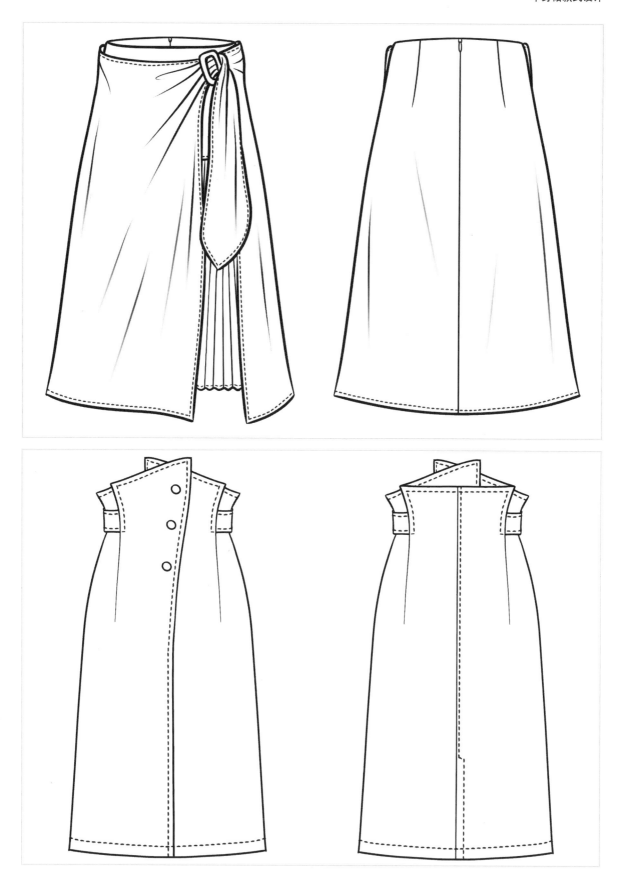

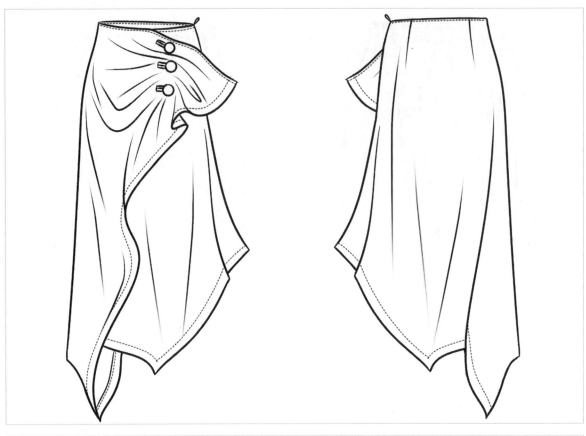

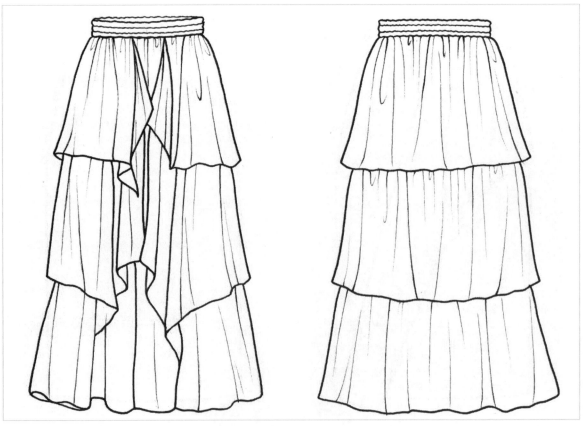

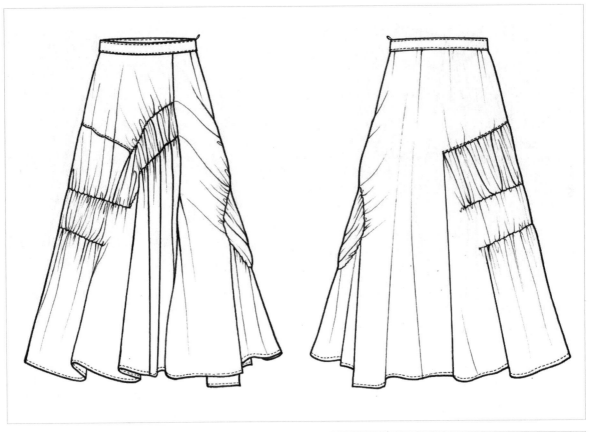

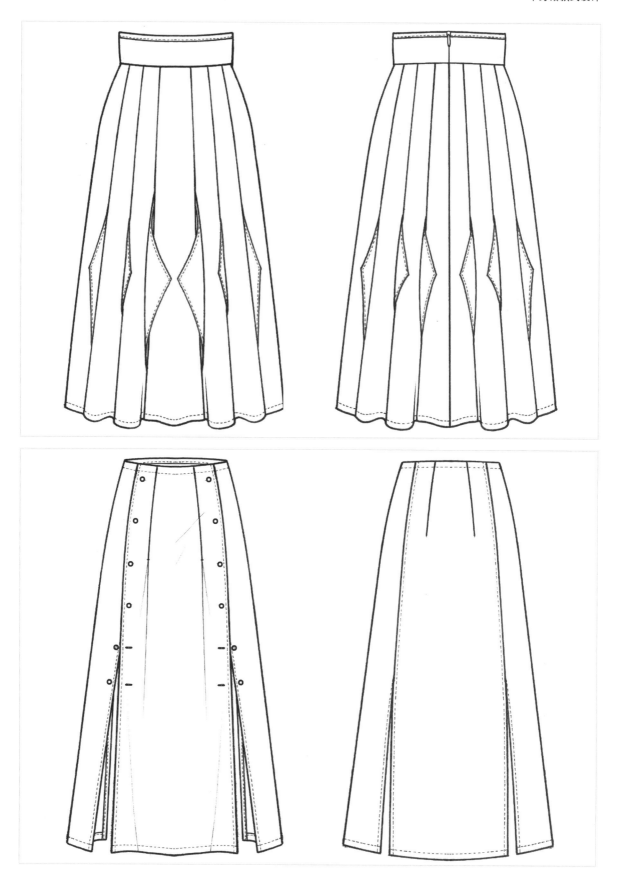

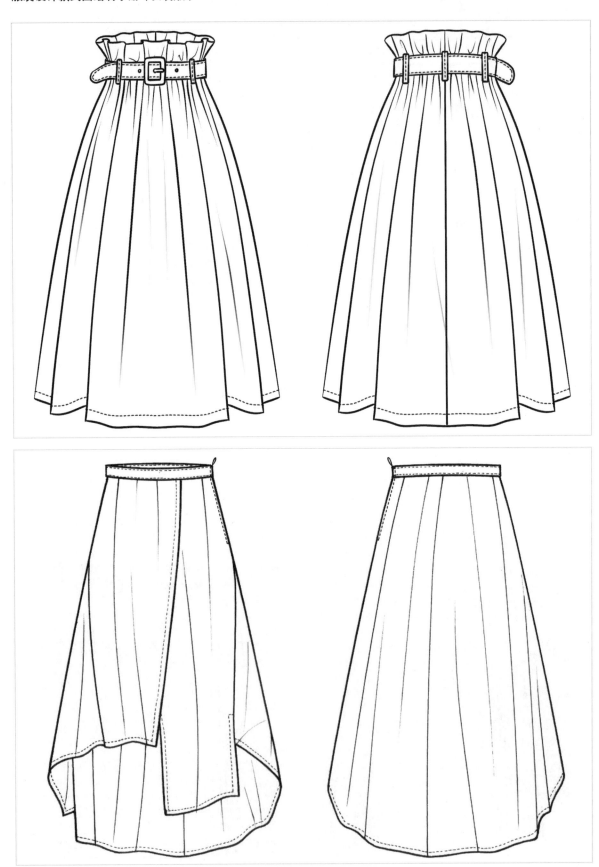

连衣裙款式设计

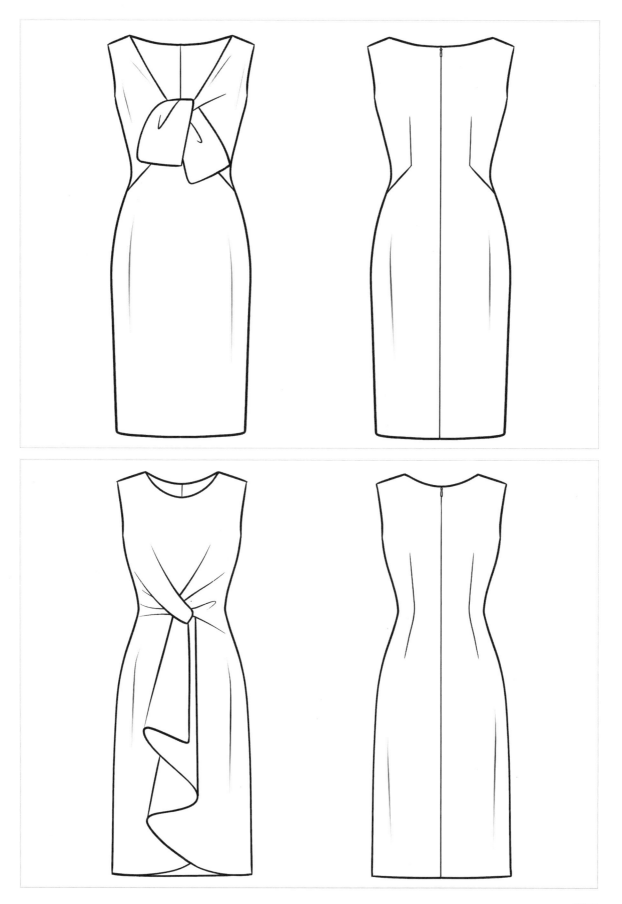

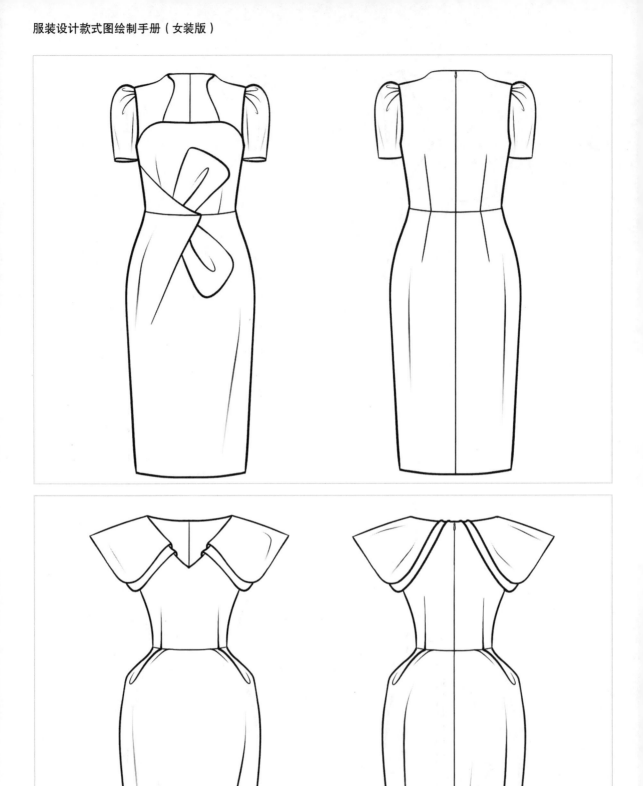

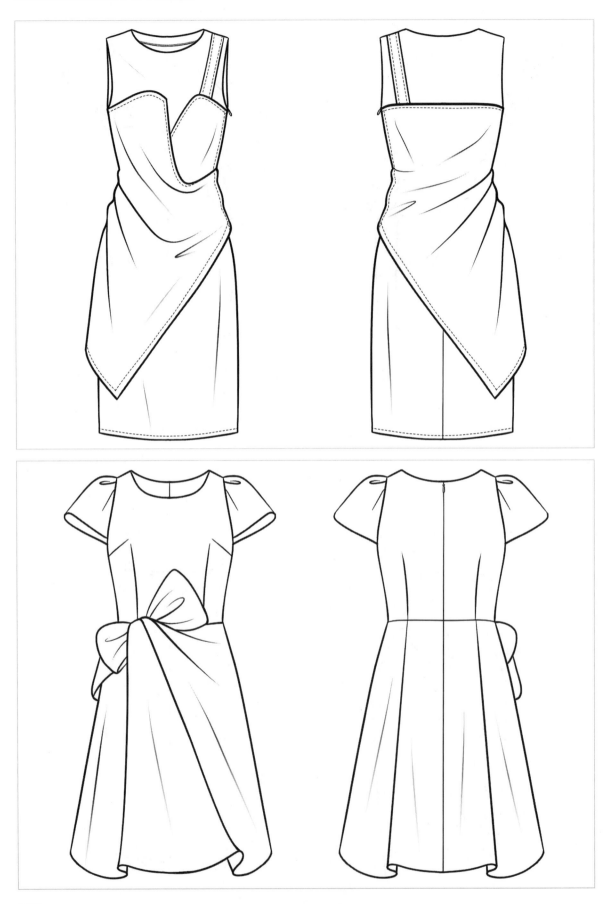

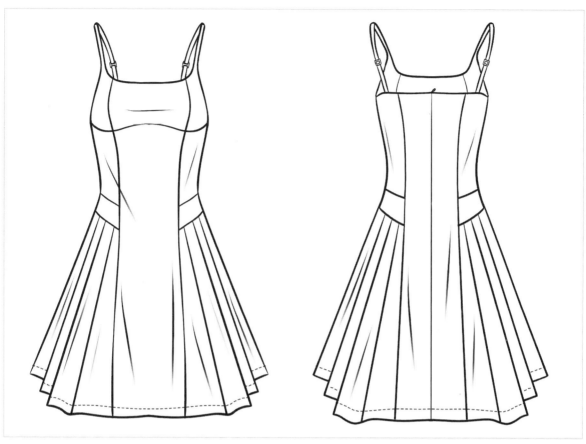

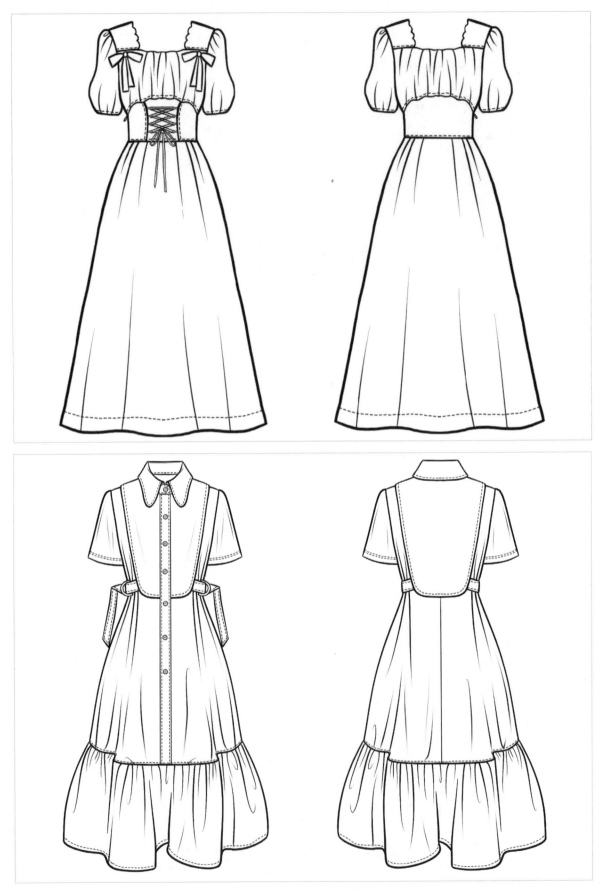

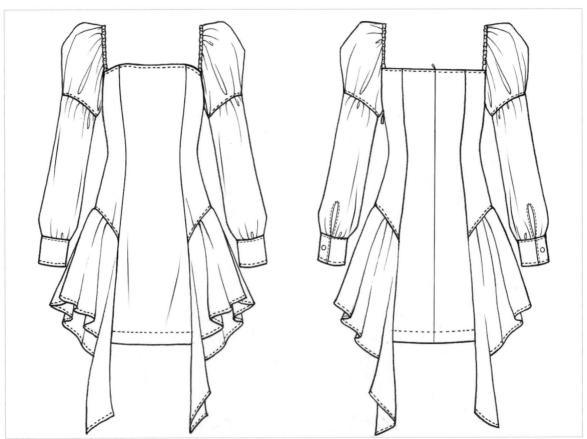

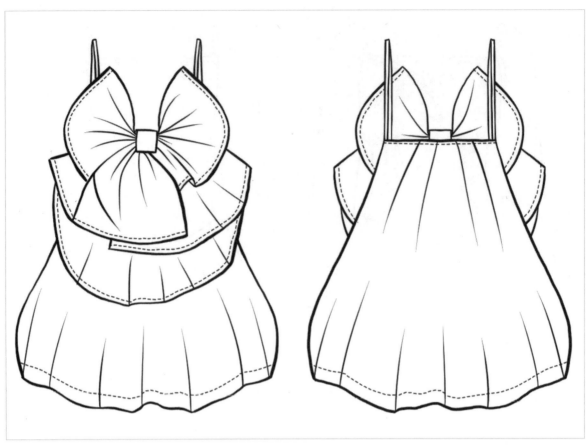

衬衫款式设计

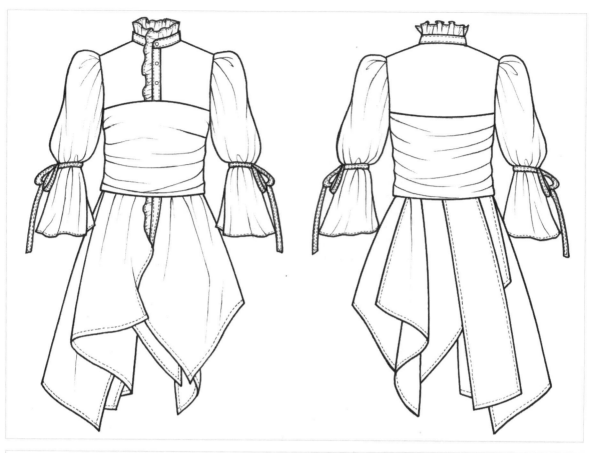

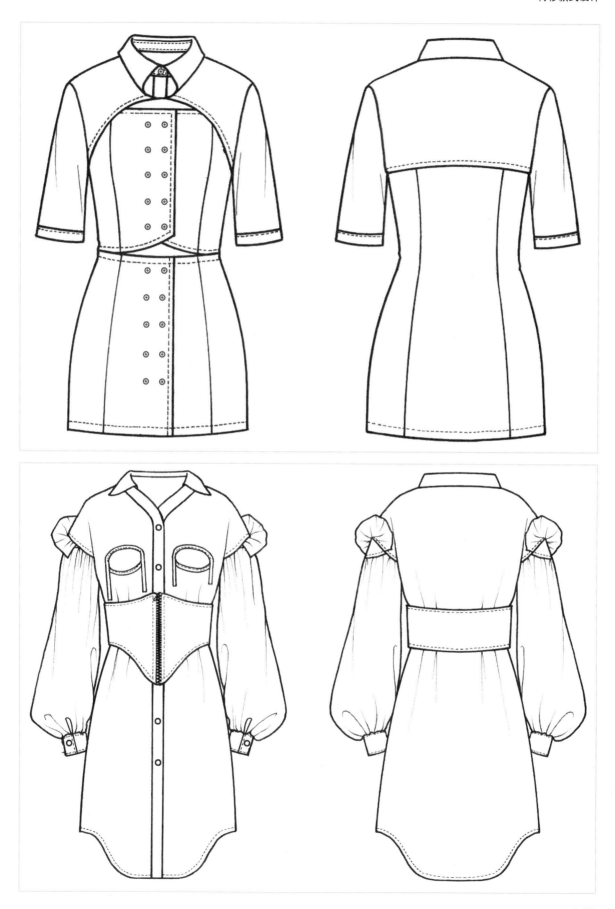

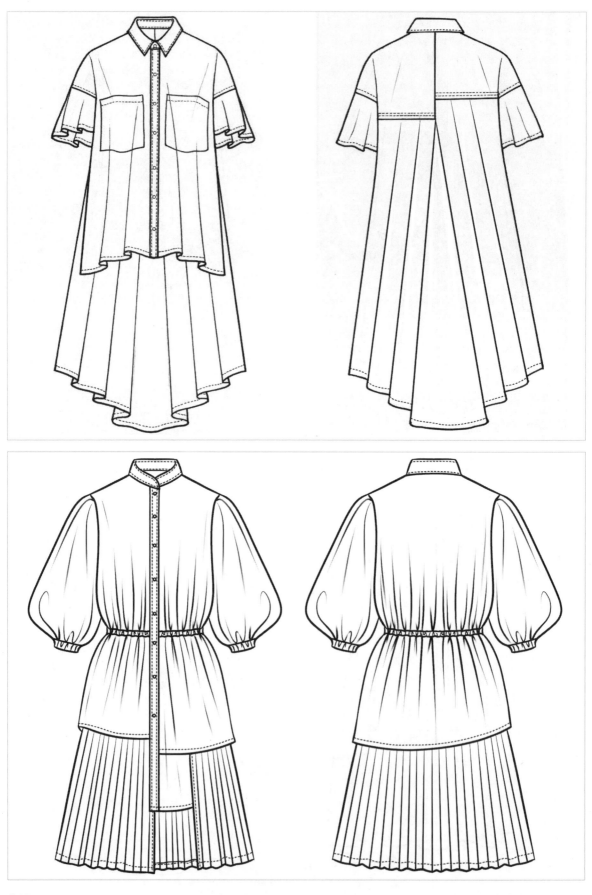

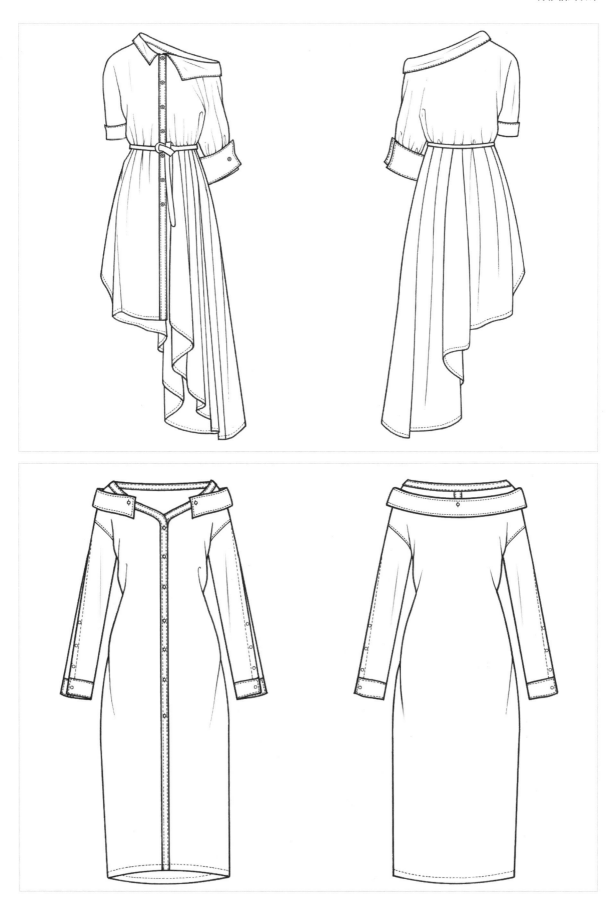

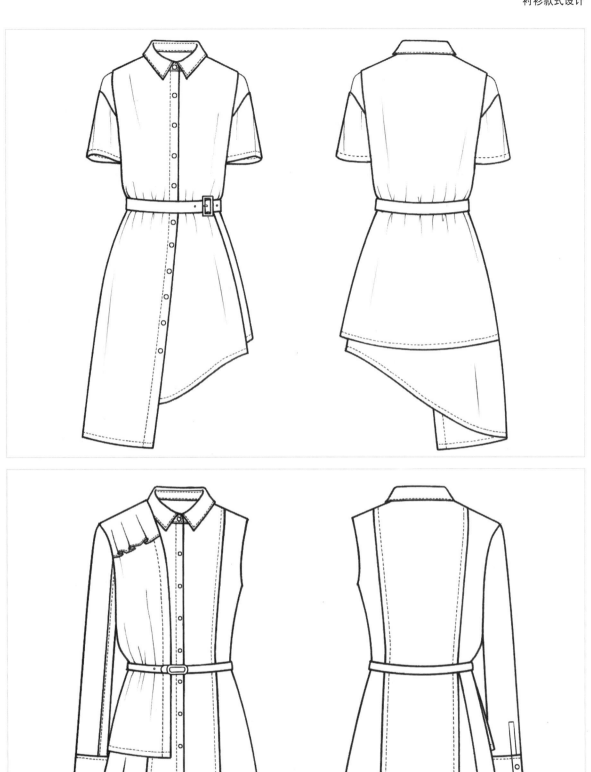

外套款式设计

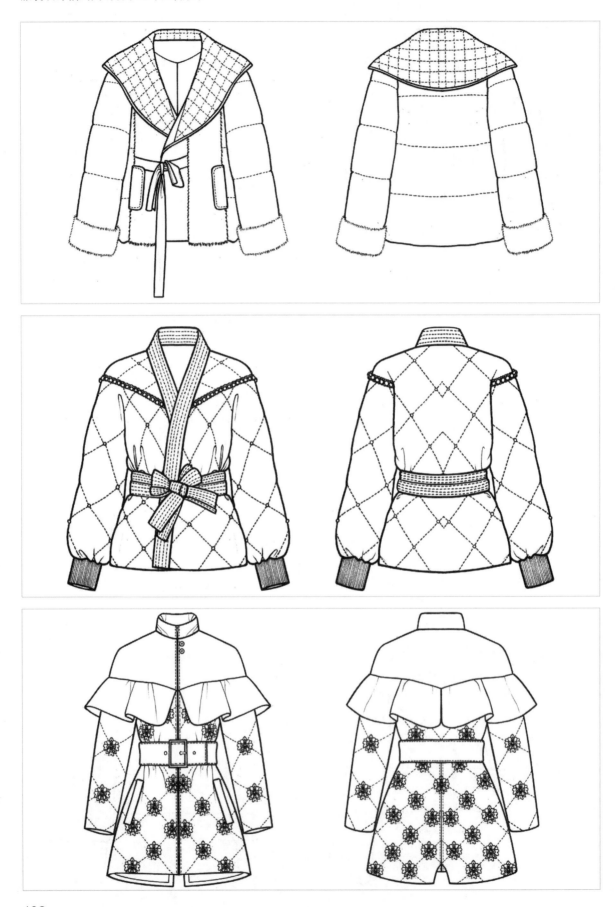

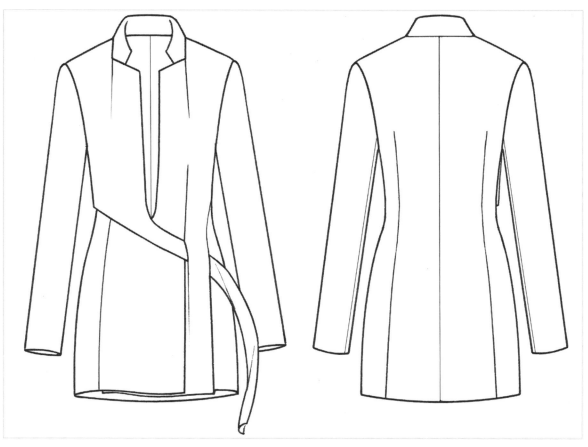

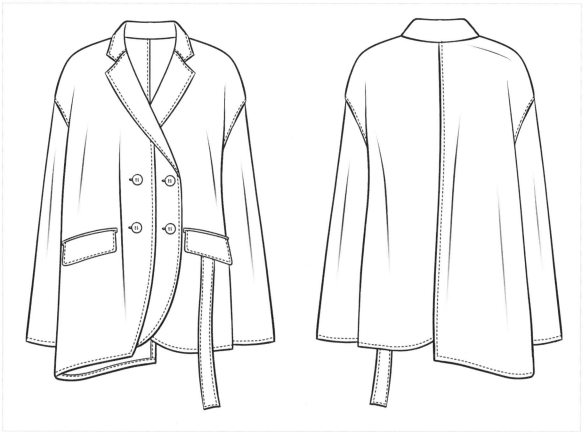

大衣款式设计

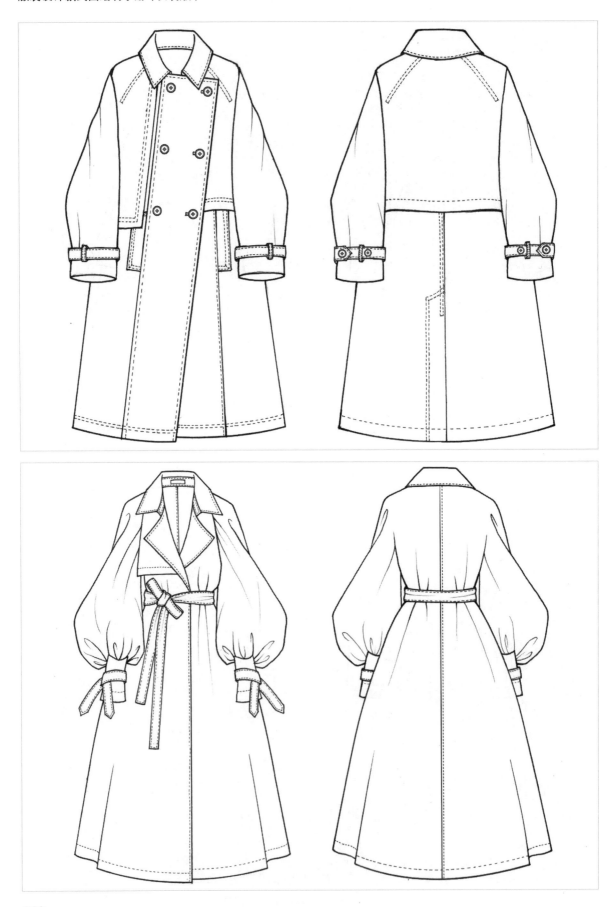

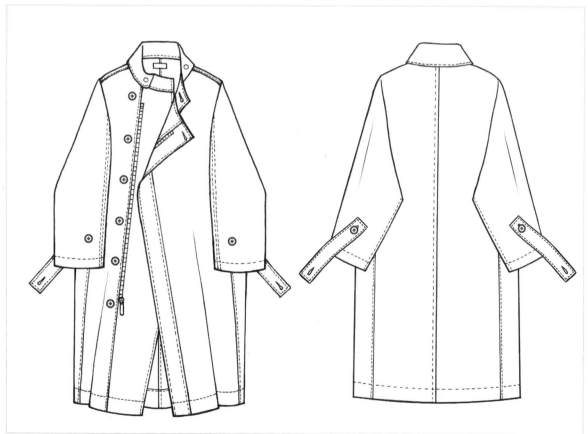

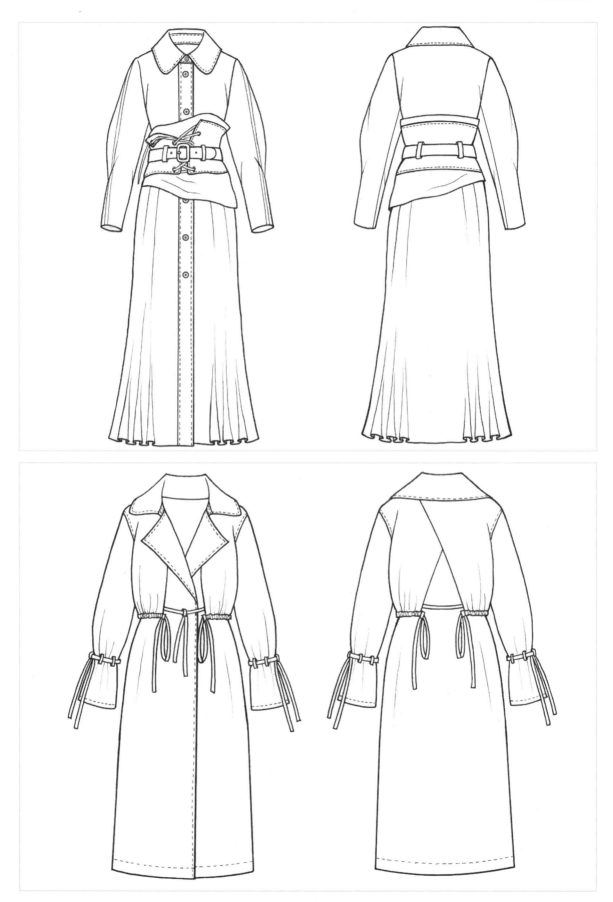

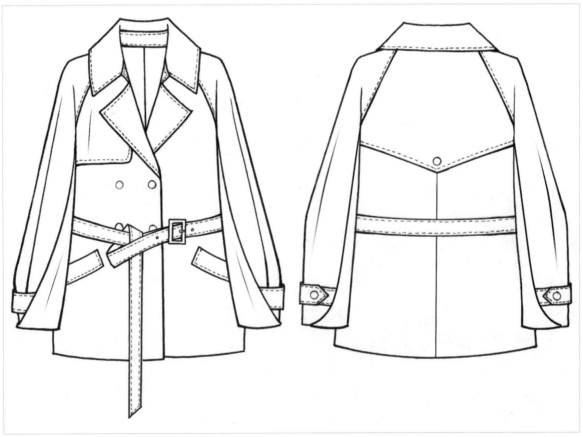

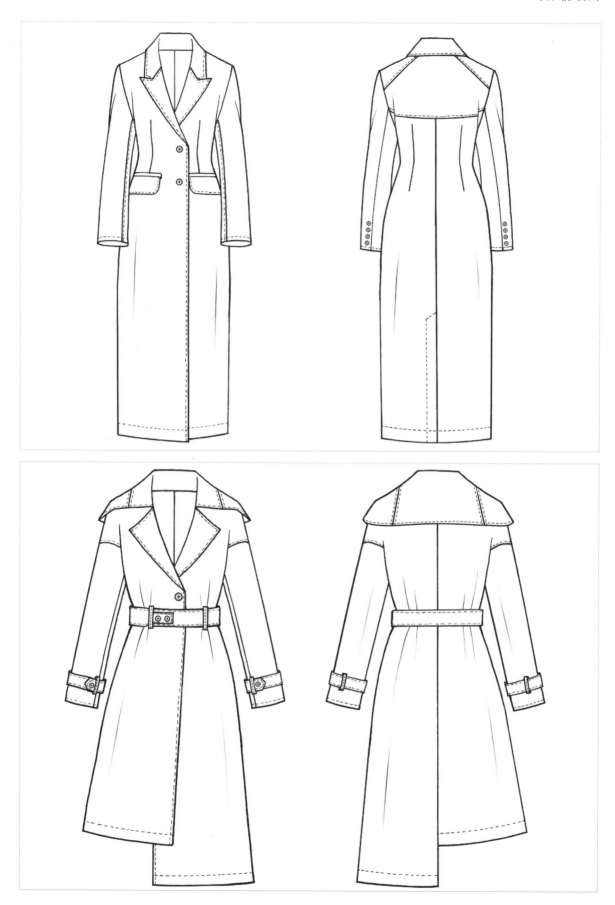

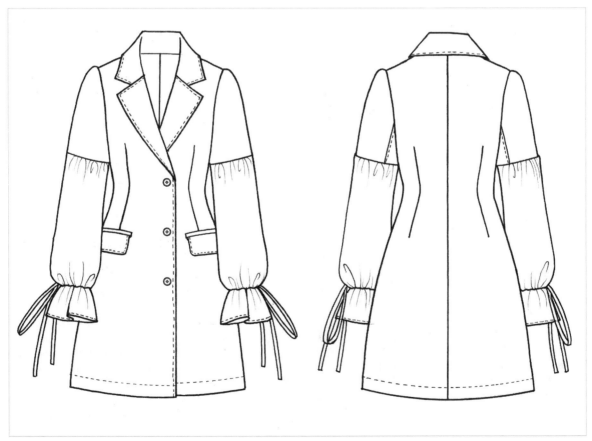

裤子款式设计

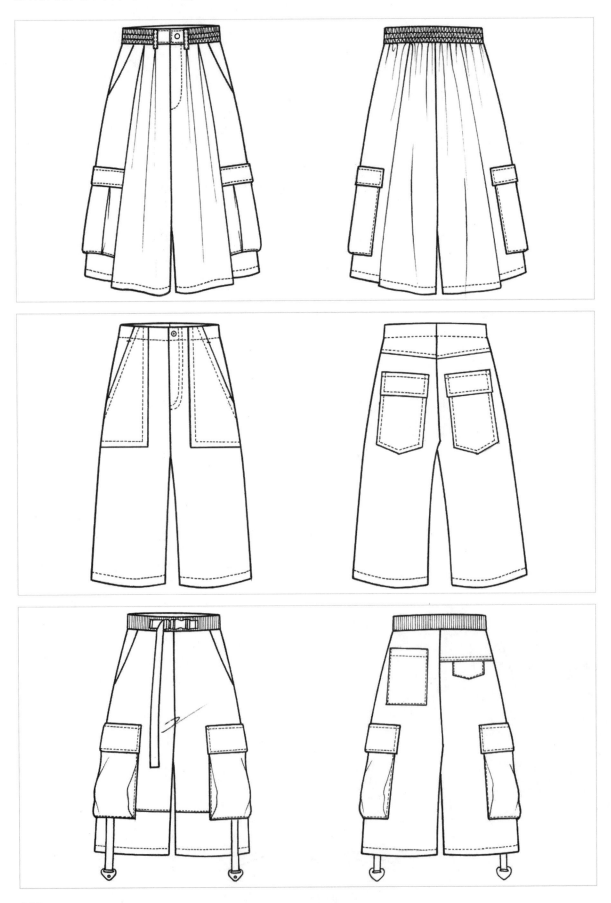

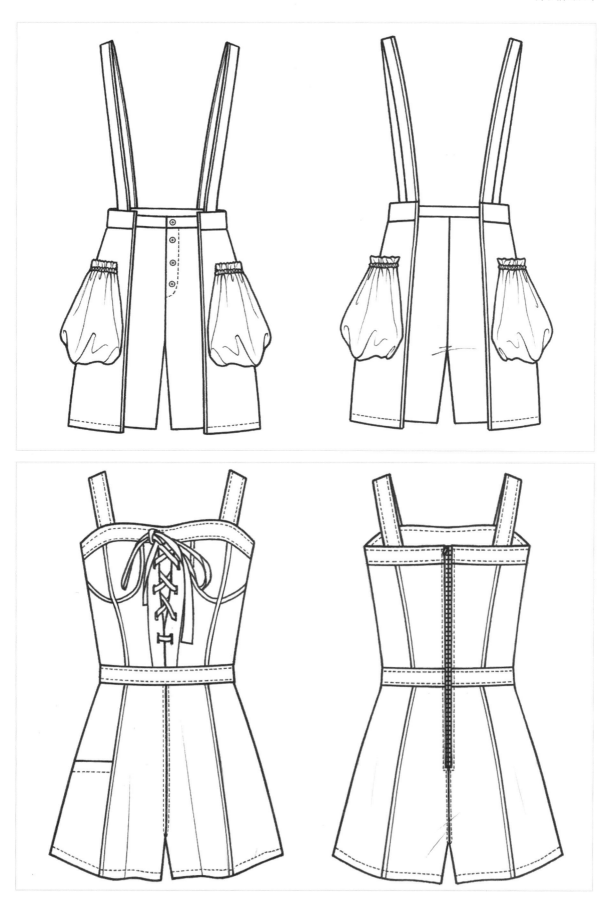

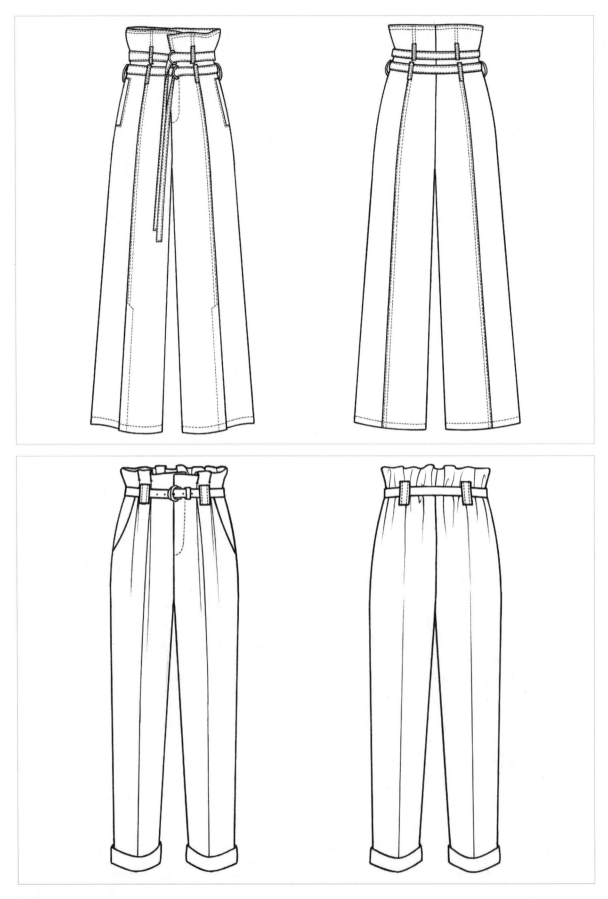

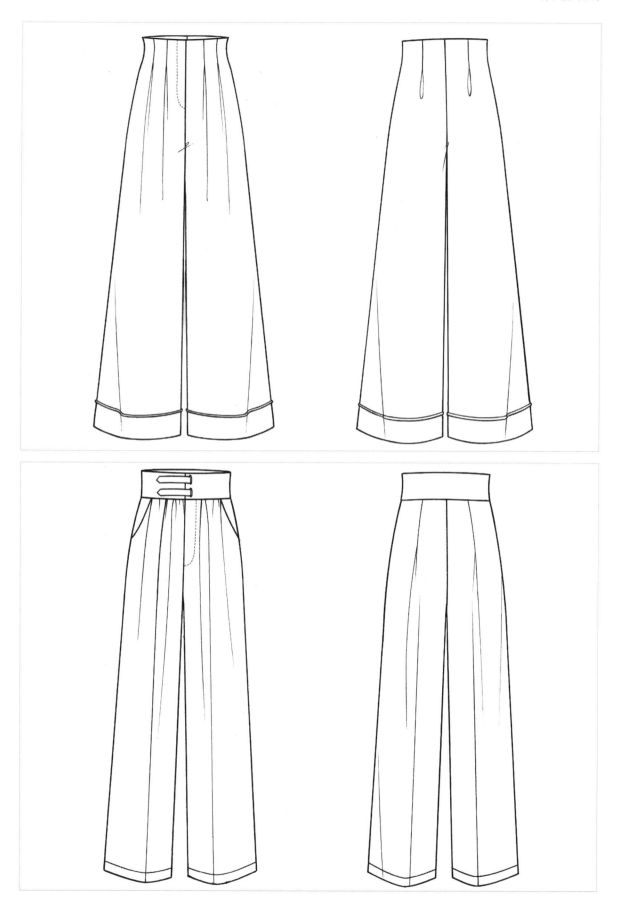

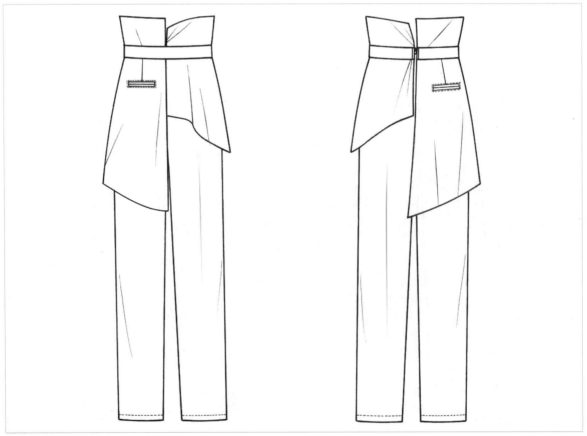

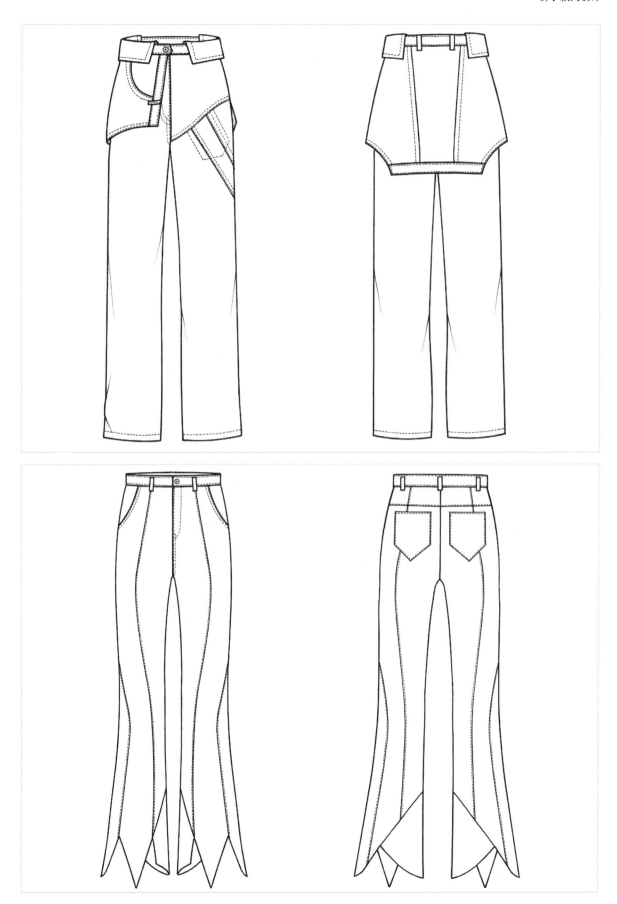

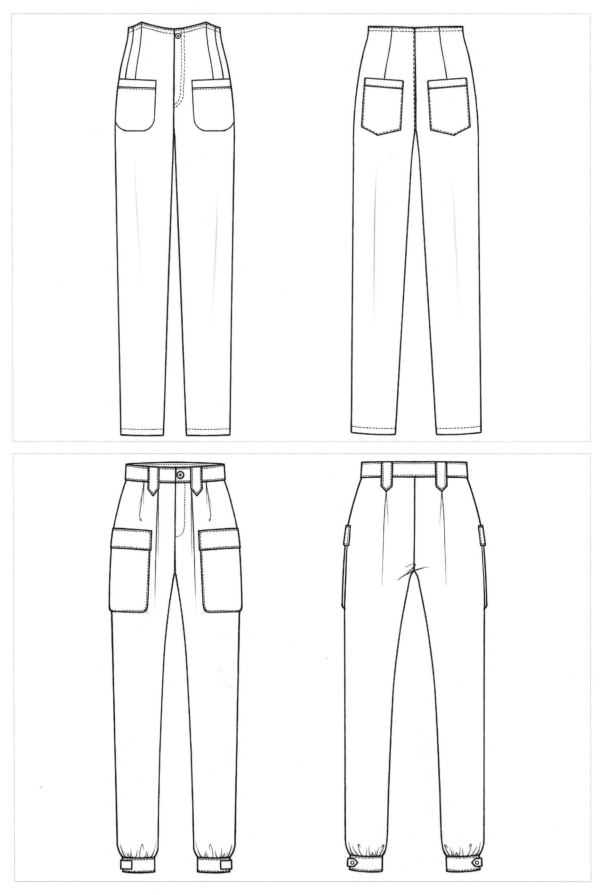

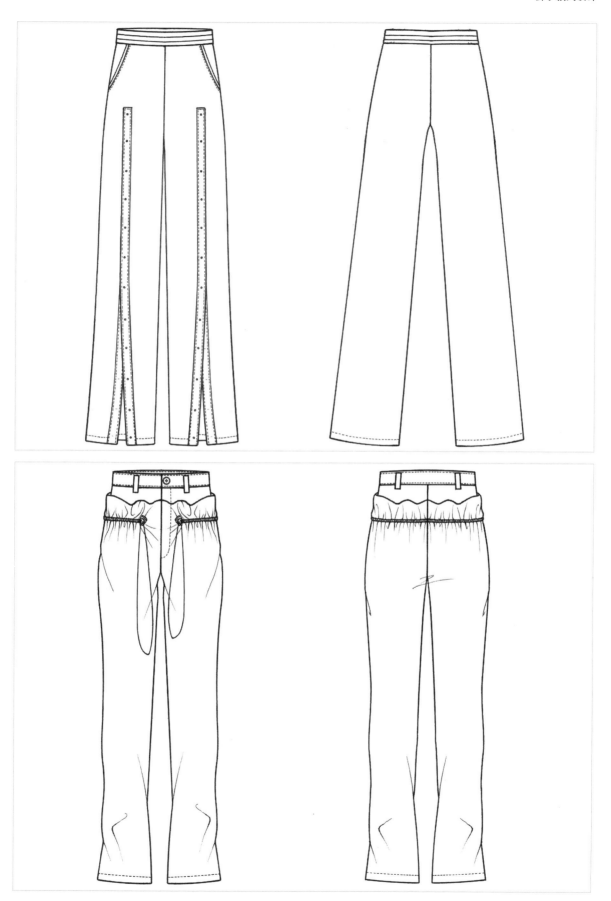

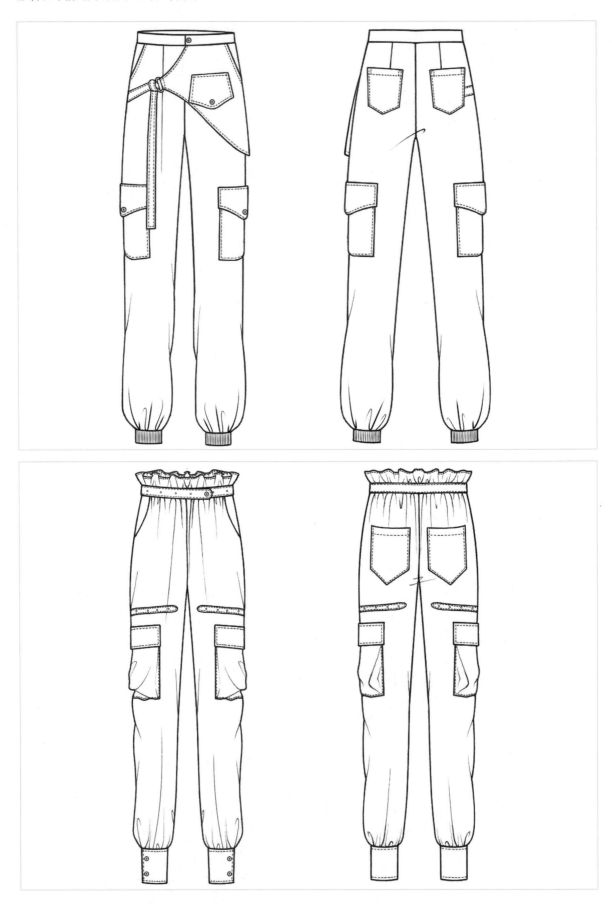

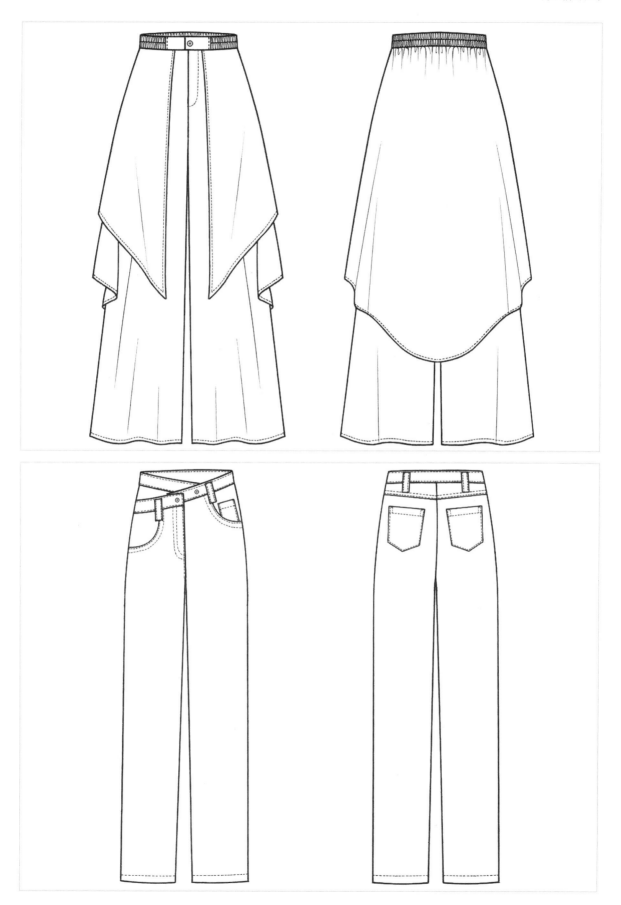

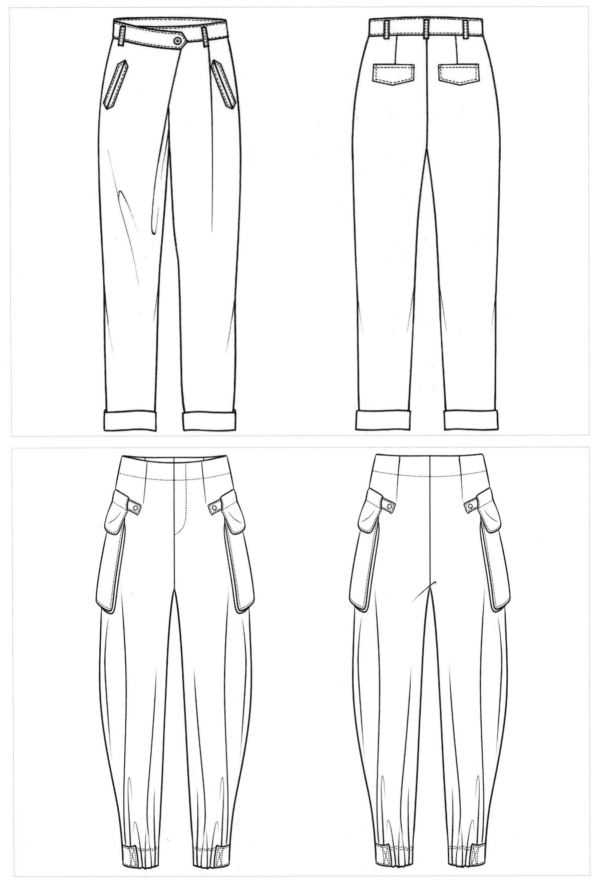

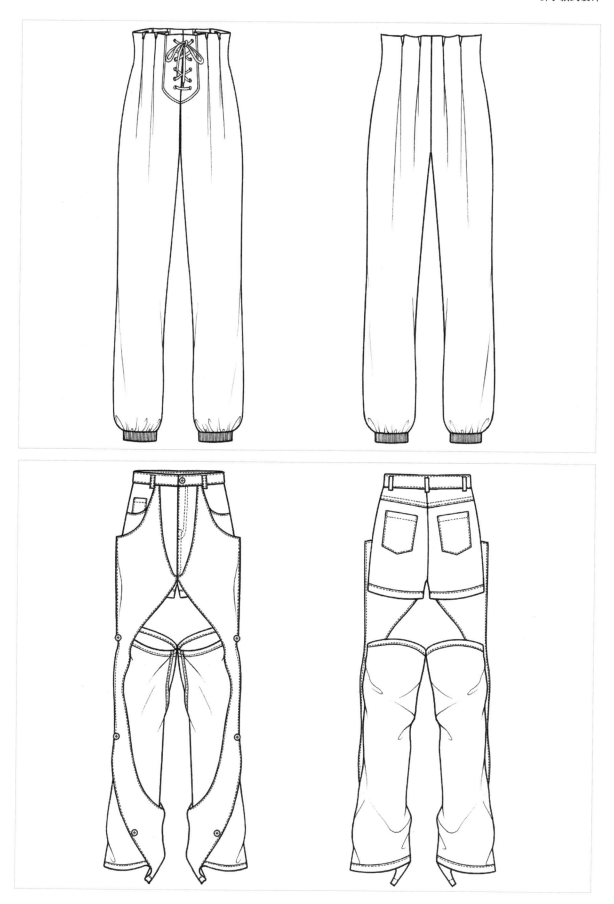

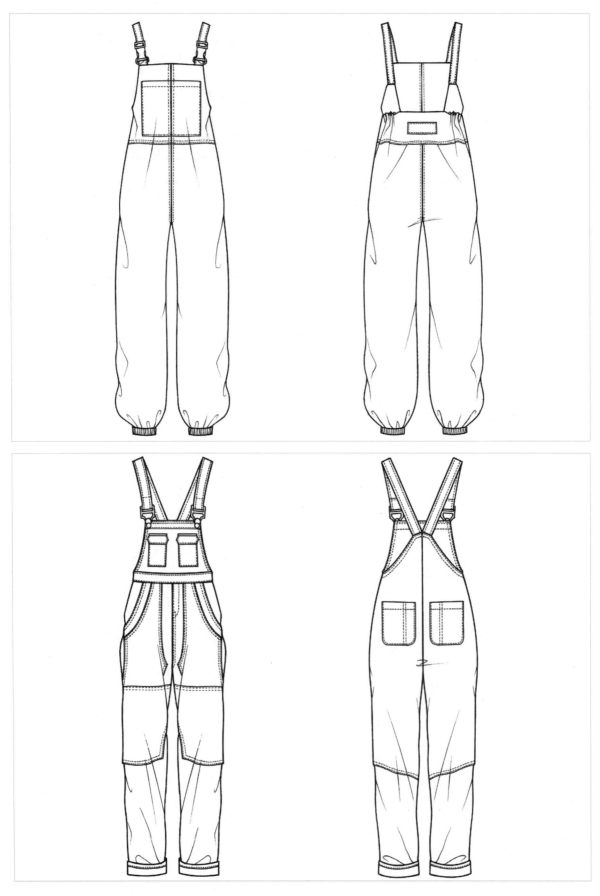

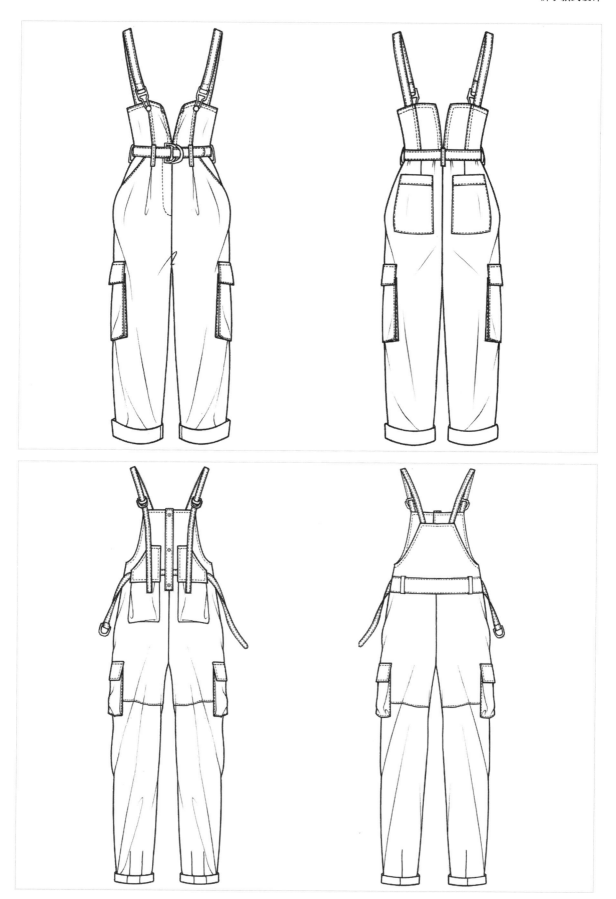

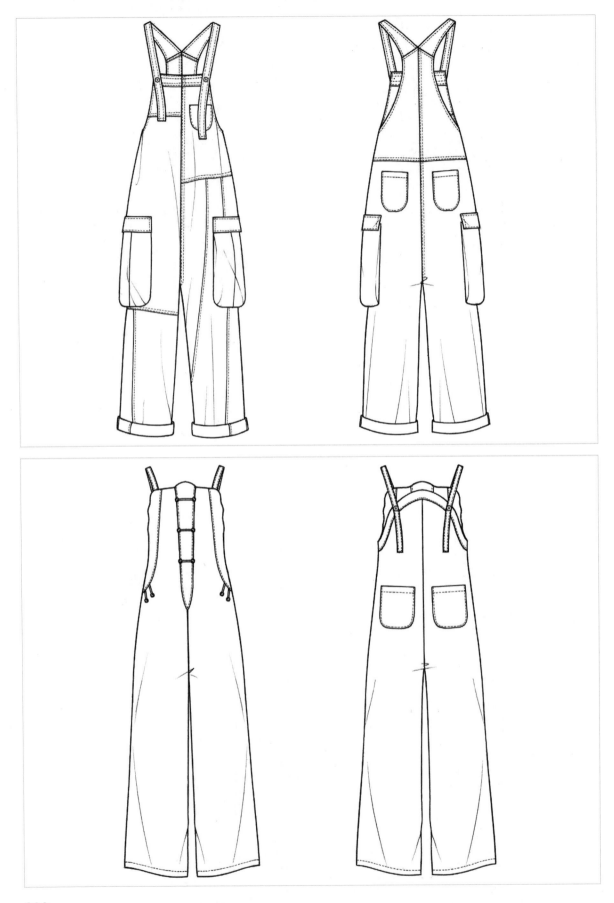

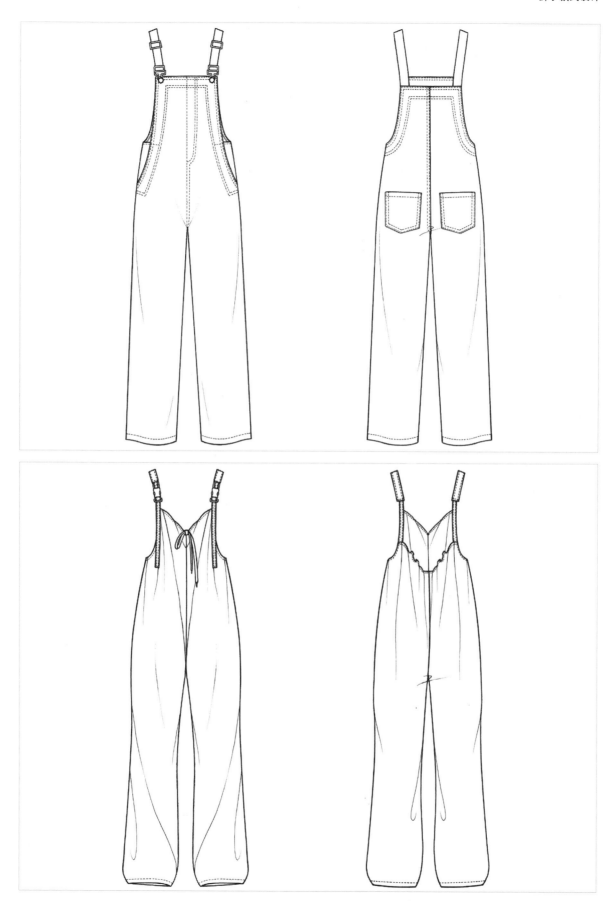

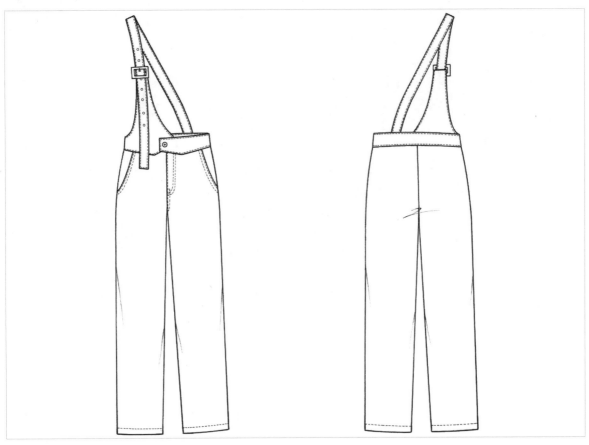

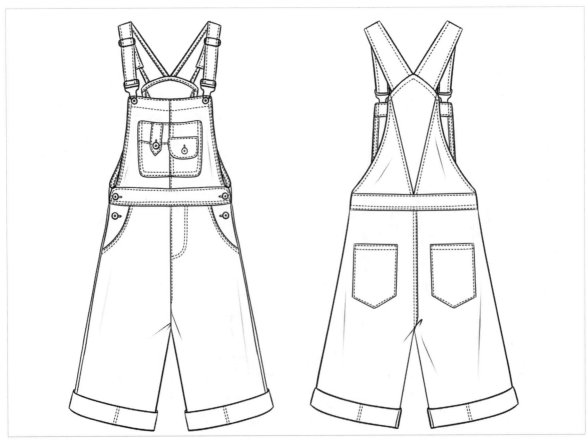

礼服款式设计

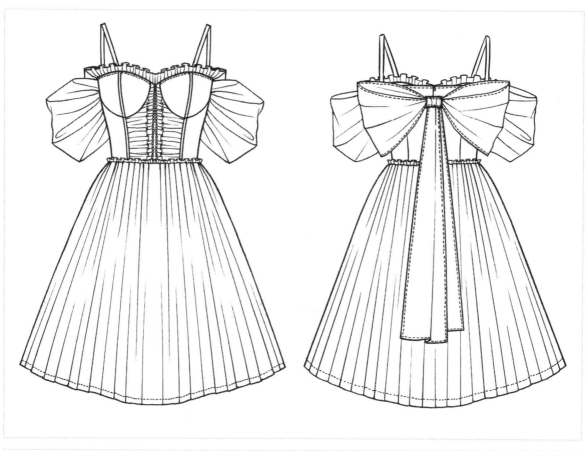

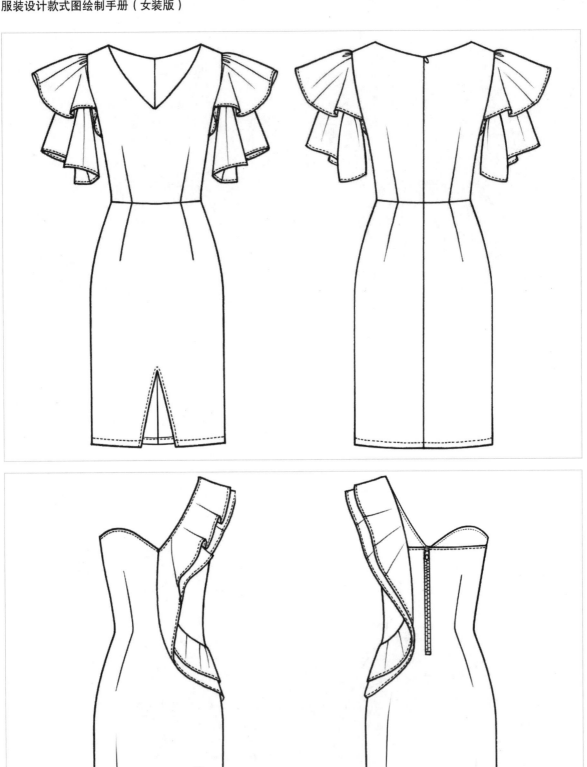

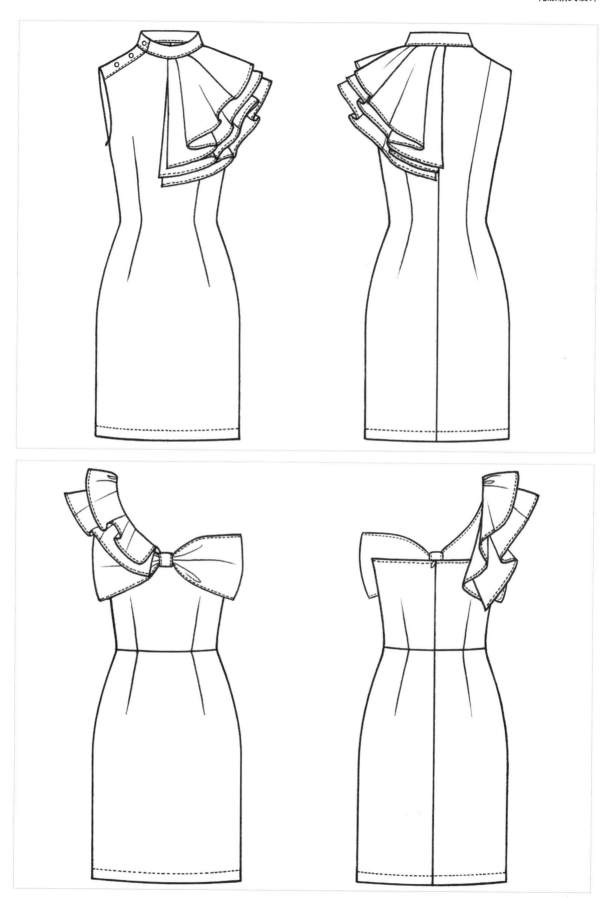

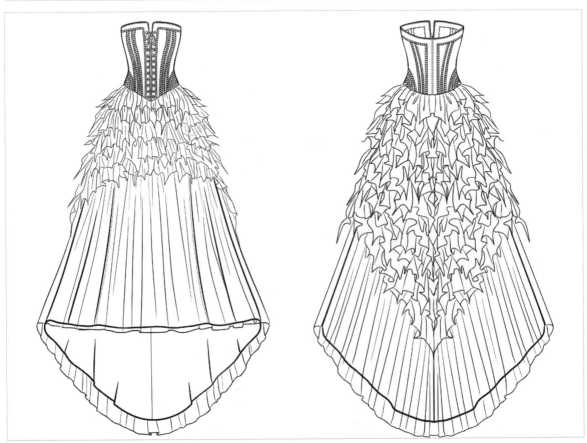

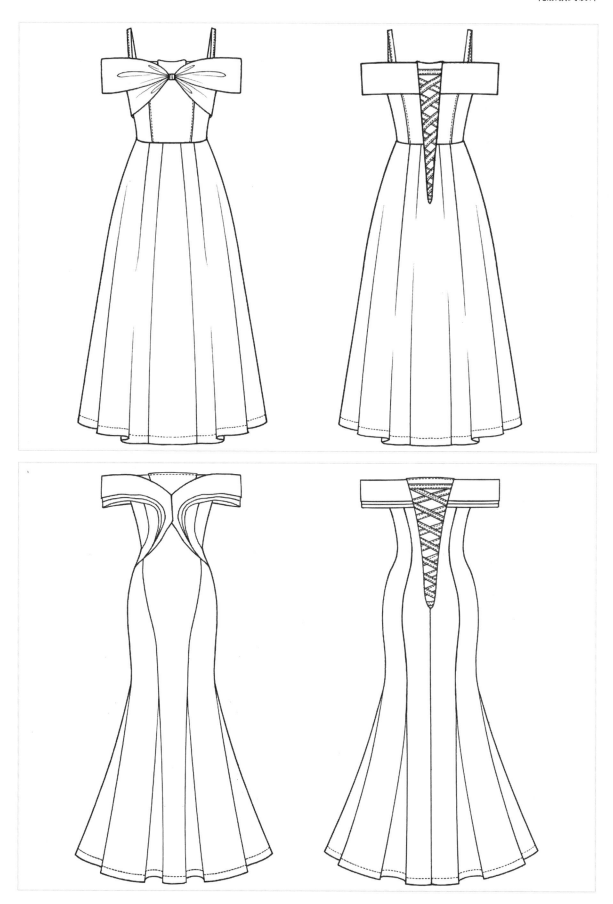

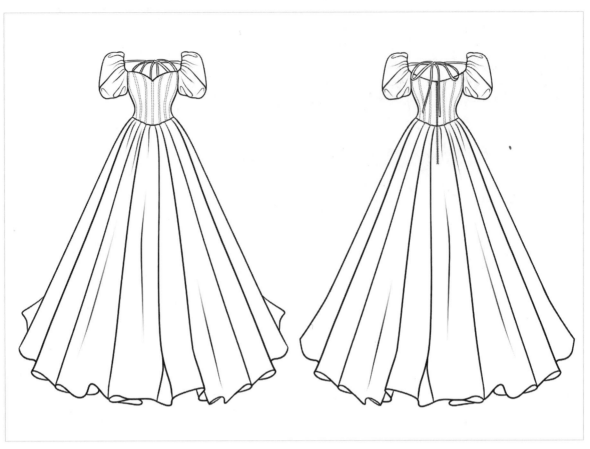

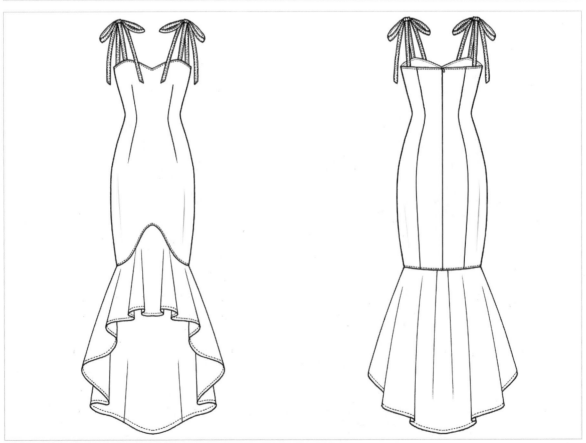

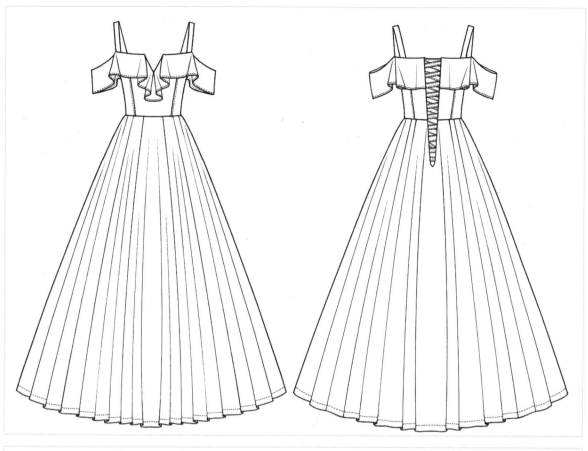